软装师自我修养

吴天篪 (TC 吴) 著

江苏凤凰科学技术出版社

PREFACE

前言

　　这是一本写给家居软装师（以下简称"软装师"）的书，也希望写给所有热爱家居软装的朋友。家居软装面对的群体是家庭或个人，必须满足不同受众在物质、精神上的独特需求，因此家居软装在所有软装类型当中难度最大，对软装师的要求也最高。软装师只有通过不懈的自我修养而形成直觉的思维能力，在面对五花八门的问题时，才能够快速给出最符合客户需求的解决方案，让软装成为一种自然而然、由内而外的本能反应，我们称之为"直觉软装"。

　　直觉思维必须建立在良好的职业习惯之上，相对于学校提供的专业知识和技能，软装师更需要通过长期坚持养成良好的观察习惯、记录习惯、总结习惯、质疑习惯、求证习惯、思考习惯、交流习惯和参与习惯等。能否取得客户的信任和尊重取决于软装师长期自我修养而形成的职业习惯，这绝非一蹴而就，也毫无捷径可走，更无秘诀可言，只有依靠自己持之以恒地主动尝试，养成自己独树一帜的直觉思维能力，修炼成为不同于普通人的软装师，也需要与同行拉开距离，最终实现自我价值的最大化。

　　本书的目的之一在于引导软装师培养独立思维与主动学习的能力，注重培养和形成自己的个人风格。所谓独立思维，就是遇到问题自己做出判断和选择，不轻易受他人的影响和左右；所谓主动学习，就是积极、主动地行动和思考，不被动接受填鸭式的教育和灌输。本书鼓励软装师根据自己的习惯和喜好去尝试书中的内容，学会观察、记录和思考周围的世界，拒绝重走大多数人走过的老路，质疑主流市场主导的思维模式和审美标准，并提出自己的独到见解。

家居软装不是任人随意进出的低级行业，它应该是受人尊重并为大众服务的高级服务行业。软装师也不是流水线上生产出来的产品，每位软装师都必须依靠自我走出属于自己的道路。没有任何一堂课、一本书或者一个人能够助人一步登天，所有点滴的成长都必须依靠自己默默无闻、枯燥乏味、脚踏实地和日积月累的潜心修炼。公开的课堂和书籍大都是一些技能的基础知识，如需突破瓶颈，唯有依靠自身刻苦修炼得来自成一格的直觉思维能力。对于软装师来说，形成与众不同的直觉思维能力是软装师重要的职业标志和赖以生存的看家本领，需要为此终生不懈努力。

养成良好的职业习惯绝非唾手可得，它更像是由无数石块砌筑而成的金字塔，必须依靠软装师自己的理解力去体验、感悟那些与家居行业息息相关的外在因素，比如自然、环境、社会、文学、艺术、家庭与生活等，这就是"软装修养不在软装之内而在软装之外"的道理。本书一共提供了95个有益于软装师成长的建议，它们都不是公式、标准、规定和法则，而是构成金字塔所需要的石块，而且每人收获的石块都可能是独一无二的。期待软装师们能以此为起点去做更广泛、更深入的探索和发现，期望有心之人读后有所启发和感悟，更希望有理想的软装师因此得到收获和成长。

吴天篪

2018 年 5 月

CONTENTS

目录

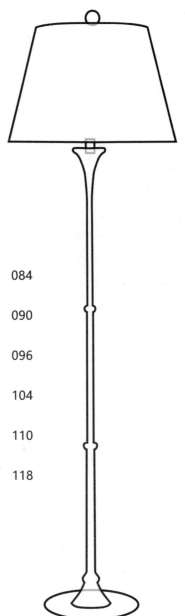

一、职业素养

  职业素养是每一位软装师在从业之前就应该了解的，包括职业规划、职业技能、职业性质、职业信仰、职业态度、职业精神、职业操守、职业形象和职业礼仪等。正确了解和认识这些职业要素是我们从事家居软装的重要武器，也是获得客户信任和尊重的重要因素。对于软装师来说，职业形象是其第一张名片，职业礼仪是第二张名片，第三张名片则包括职业操守和职业态度等。

  职业素养主要通过后天修养取得，它就像建立在职业精神上的大厦，越深厚大厦就越雄伟。职业素养并非口头上的夸夸其谈或者想象中的异想天开，它是"职业性质—职业态度—职业精神"的正确认识和日积月累的实践硕果，最终成为由内而外的自然表现。那些在各行各业做出卓越成绩的明星人物都具有优秀的职业素养。

1. 职业规划

能否长期从事软装工作并取得一定成绩，取决于最初制定一个清晰、详细而长远的职业规划，也取决于个人对于家居软装认识和理解的程度，更取决于个人业余时间的安排。除了对政策、社会、市场和行业的发展趋势有一定认识之外，软装师首先最需要了解的是自己。建议找到自己最擅长的领域并以此为起点来进行职业规划。如没有擅长领域，就先培养自己最喜欢的某一方面，并且围绕此方面逐步建立自己独特的知识体系和思维模式，最终成为此方面的高手，形成所谓的核心竞争力。

软装师首先需要问清楚自己对于家居软装职业的目标和追求，越清晰明了，制定的规划才会越有意义。职业规划需要建立在切实可行并脚踏实地的基础之上，切忌不切实际和好高骛远；职业规划也需建立在个人的兴趣爱好和性格特质之上，及时调整和改变一些不良习惯，比如酗酒、涣散、孤傲或冷漠等；职业规划更需建立在坚定不移的意志力和自制力之上，所有的成功都离不开精心培养的各种良好素养。

2. 职业技能

被誉为多面手的软装师主要提供专业的咨询和意见服务，帮助客户实现其对家居的梦想和追求，因此需要学习、掌握多方面的专业技能。家居软装的职业技能包括外在技能（如软件操作、产品知识等）以及内在修养（如美学品位、文化知识等），技能可以短期掌握，内在修养则需要长期培养。软装师最有价值的职业技能就是内在修养，外在技能的价值取决于其内在修养的深度。

家居软装是一个没有"天花板"的职业，软装师需要持之以恒同时注重外在技能和内在修养的双重积累和培养，即使未来人工智能的进步可能取代某些外在技能，但内在修养却是无法替代的。软装师是一种依靠个人的综合素养来生存的职业，综合素养纷繁复杂、包罗万象，它们是建造成功大厦的基石。

3. 职业性质

软装师是一个为大众服务的高级职业，与大众紧密相连、与生活息息相关，十分注重服务态度、服务细节、服务技能和服务流程等方面，需要不断提高服务水平和服务质量。相对于其他服务性职业，软装师与客户之间不仅需要首先建立某种互信关系，而且必须建立在软装师个人的专业素质和职业修养之上。它就像跳双人舞一般，需要双方紧密和谐地配合才能获得理想的结果。

　　另一方面，软装师的职责是要解决实际问题，设计的目的则要满足客户的真实喜好和需求，而不是把软装师个人的喜好强加给客户。软装师是一个依靠脑力生存的服务性行业，靠出售自己的创意、想法、点子、品位和专业知识来赢得客户的尊重与信任，因此软装师需要终生致力于自我价值的培养和提高。软装师也是一门依靠自我修养吃饭的职业，体力类的活动对他们来说提升意义不大。

4. 职业信仰

　　每个人对待职业都会持有不同的态度，有人认为职业只是一个赖以生存的饭碗，有人把它当成一个尽力而为的工作，或者是作为一个实现价值的事业，还有的人则将之当作一种废寝忘食的信仰。作为一种服务性行业，如果没有坚定的服务意识并以此作为信仰，那么在面对困难和挫折之时，就会很容易随手放弃，唯有信仰才是支撑一个人走得更远的内在动力。

软装师是一个为大众服务的高尚职业，这并非形而上的空中楼阁，而是成为一名合格的软装师绝非一般人想象的那般轻而易举，更非什么人都可以随意从事的低端行业。这个职业也许不能给我们带来财富，但是能为我们赢得尊重与信任。尊重与信任也不是那种显性的财富，它是一种金钱买不到的财产，这就是家居软装至高无上的职业信仰。

5. 职业态度

确认了软装师的服务性质之后，才能够树立正确的服务观念，有了正确的服务观念才可能具备正确的职业态度。态度决定工作心态，只有正确理解职业性质才可能拥有平和的职业心态。和其他服务性行业一样，家居软装也十分重视服务态度，它是客户对服务品质的重要评判指标之一。软装师与客户之间的协调关系首先是建立在软装师饱满的情绪之上，在介绍软装方案时如果连自己都打动不了，又如何期望可能去打动客户呢？

热情是职业态度的重要标志之一，无论当时心情如何，在面对客户的时候请拿出饱满的工作热情，切忌心不在焉、无精打采，甚至咄咄逼人。与人交谈时，软装师需要特别注意自己的穿着打扮和言谈举止，眼睛应该正视对方鼻子周围，并保持一定的距离和微笑，语气平和，语速平缓。我们可以从今天开始，就在平日的接人待物之时修炼自己，换位思考，不卑不亢。因为一名软装师的魅力不仅体现在优秀的专业水平方面，也体现在其端正的职业态度之上。

6. 职业精神

一个人的职业关系通常包括了糊口、喜欢、热爱和境界4种类型，其中糊口意指"混口饭吃"，谈不上喜欢和热爱；喜欢往往附带有一定的条件，比如能够赚钱，一旦条件改变喜欢的程度也随之变化；热爱意味着不附带任何预设条件，无论是否赚钱都会一如既往地去做；境界则表示事业与生命融为一体，代表着终生的热爱，并愿意为行业的发展贡献自己的力量。职业类型决定职业精神，对于仅止于"糊口"或者"喜欢"的人来说，很难理解并建立一种坚定的职业精神。

当我们欣赏体育比赛的时候，真正打动我们的并非精彩的赛事而是运动员的职业精神。职业精神建立在个人对于本职业的深刻理解和认识之上，也建立在个人的理想和追求之上，必须依靠顽强的意志力和不断提高的自我修养来强化这种精神。所谓职业精神，包含了敬业、勤业、创业和立业 4 个方面，是一种可见、可感的精神风貌和素质。成功从来不是唾手可得的馅饼，古今中外无数名人的成功无不具有令人敬佩的职业精神。软装师需要专心培养自己的职业精神，并且终生保持这种独立的精神不受他人的影响和干扰。

7. 职业操守

　　职业操守是指从事某种职业所必须遵守的最低道德底线、道德准则、道德品质和行业规范，一个行业在公众眼里的整体形象是由每位从业人员的职业素养集体构建而成，其中职业操守的角色举足轻重。构建一个令人尊重的行业来之不易，而毁灭一个行业的形象则轻而易举。一个人的职业操守取决于其价值观，也取决于个人的自律能力，在很大程度上取决于个人的自制力和健康心态。

　　虽然我们面对的客户千人千面，其需求、愿望与个性各不相同，但是软装师的职业操守应该坚持诚实守信和一视同仁的职业原则。职业操守与敬业精神息息相关，是一个人对待工作态度是否认真和执着的具体表现。古往今来有无数的事实说明，在某职业领域取得非凡成就的人物都具有严谨的敬业精神和勤奋的职业操守，这就是人们常说的"没有人能随随便便成功"的道理。

8. 职业形象

家居软装的特殊性质，使其成为一门与美学和品位息息相关的服务性职业，因此要求软装师的外在形象与内在素养保持一致，是其精神素质的外在表现，需要让人第一眼就能够产生一种值得信赖的职业印象。职业形象并非意味着浓妆艳抹、奇装异服或者花枝招展，而是通过大方得体的服装选择和搭配来体现出软装师的个性和独特品位，特别是与软装基本要素（如色彩、图案、材质和式样）有关的组合搭配，与客户见面之前需要特别用心准备。

软装师培养具有艺术个性的着装打扮，是为了避免让人感觉与大众形象无异而心生疑惑，同时也要避免与他人雷同。软装师也需要十分注重自己的精神面貌，避免以无精打采、愁容满面等不良面貌出现在客户面前。诚然，一个人的精神面貌主要建立在自己对职业性质、职业信仰、职业态度和职业精神的理解和接受程度之上，是一种由内而外的自然流露。

9. 职业礼仪

所有与服务相关的职业都十分重视礼仪，它是职业要素中与职业形象同等重要的组成部分，二者相辅相成、缺一不可。软装礼仪不仅包括对不同国家或地区家居文化的认识和了解，更重要是指与客户见面时的文明礼貌和言谈举止，做到既不卑不亢又落落大方，是软装师与客户之间关系的重要组成部分。尽管软装师是为人服务的职业，但并不表示就要卑躬屈膝、小心谨慎，更不要傲慢不逊和目空一切。

职业礼仪除外在的文明礼貌外，更多的是指内在的文化素养和基本教养，包括握手寒暄和临别告辞等，因为得体的谈吐比专业知识更能打动客户。声音是人身上最具表现力的武器，绵厚和音域较宽的人会更让人感到舒服和可信。软装师虽然是依靠脑力吃饭的行当，但仍然不可忽视礼仪在职业生涯中举足轻重的作用。

二、生活体验

　　软装师首先是一名生活家，然后才是一名设计师。生活家需要亲自参与生活中的柴、米、油、盐，体验生活百态的酸甜苦辣，认识、理解和感悟家庭生活的具体内容与真实含义。家居软装的要素和概念均来源于真实生活，生活创造了软装，可以说一个人对家庭生活的理解和感悟有多深，对家居软装的理解就有多深。

　　空间里如何通过软装来表达和增进家人之间的亲情是软装师永恒的课题，围绕这个课题将是一场无休止的修炼。"以人为本"不是一句口号，而是需要通过真心的体验和真实感受才能悟出的道理，这些体验包括家居体验、手工体验、种植体验、住宿体验、产品体验、沟通体验、社会体验和自然体验等。软装师需要养成站在客户角度为客户着想的习惯，培养自己的爱心和责任心，并形成自己的职业准则。

1. 情感体验

我们都成长于家庭，家庭是每个人认识和理解情感、亲情、生活与人性的第一所学校，对人的一生影响深远。家居软装与空间主人息息相关，因此与人的情感也休戚相关。情感体验是指用感性带动心理的体验活动，属于情感心理学的范畴。家居软装作为一项充满情感的创造性工作，需要营造一种温情的空间氛围。软装师大多能够从自己成长的家庭背景中感受到情感，因此需要认真思考软装与情感交流之间的重要关系。

人是情感复杂的动物，有着喜怒哀乐和七情六欲的特点，人的情感直接受到生活的室内外环境影响。家居软装作为主导和打造室内环境的主要因素，需要引起软装师的重点关注和认识。一块窗帘、一件家具、一个灯罩都可能影响到空间主人的情感，因此家居软装不仅具有美化视觉、愉悦心情的功能，更具增进情感和调剂治愈的功效。

2. 家居体验

家居生活千人千面、因人而异，没有整齐划一的模式或标准，也没有高低对错之别。每个人对于家居生活的理解和认识不尽相同，软装师需要培养自己独特的理解、感悟和认知，深入体验生活并热爱生活。热爱生活不是一句口号，也不是依靠别人的解读或认识，它需要软装师脚踏实地地与锅碗瓢盆打成一片，成为一位名副其实的生活家。

亲情是家庭生活永恒的主题与核心，也是家庭赖以生存的养料。它不是从天而降的圣诞礼物，而是一家人精心呵护和耐心培养的果实。软装师需要注意观察这种培养亲情的共享空间，不可忽视每一位家庭成员。同时也需要理解自己的职责，是为增强家庭亲情而创造出一个更多互动和更多乐趣的共享空间，而不仅仅是解决美观与功能需求。比如，宜家的《创意灵感》栏目当中提供了许多可供参考的建设性意见，目的都是为了"打造出一方你喜欢称其为家的空间"。

生活的滋味固然有多种，但最温馨、最亲切的滋味还是"家的味道"。家居软装的魅力来自于空间主人的个性气质，生活的滋味则来自于个人对待生活的态度。家庭烹饪不仅是解决吃饭的问题，也是我们通过食物来表达爱的重要方式之一，软装师注意参与、观察并思考如何通过烹饪来增进家庭亲情，有助于更好地理解软装的本质。

　　今天的烹饪早已不再是一成不变的传统做饭概念，它是一种可以随意变化口味、尝试新奇食谱、挑选待客方式、改变餐桌布置、享受健康饮食和品味世界美食的重要生活内容，让生活乐趣从改变家庭烹饪开始。作为外来加工食品方式的烘焙，是更适合于全家参与的一项亲子活动，让孩子从小感受劳动乐趣的同时，又懂得分享劳动果实。

　　闲情雅趣是家庭生活的组成部分，属于个人的兴趣爱好，无需与家庭生活紧密相关，但是可以让生活更为丰富多彩，比如养花、养鱼、养鸟、品茶、品酒、下棋、画画、抚琴、阅读、娱乐和收藏等。软装师可以浅尝甚至精通某类，不是为了装点门面的附庸风雅，而是修身养性和丰富内涵，有助于更深层次地理解生活的乐趣与意义。不同闲情雅趣的好处各异，下棋可以让人自控、规划思维，书画可以让人修心、明志和领悟，阅读的好处则不言而喻，软装师注意养成带着质疑、求证、思考和总结的习惯去阅读会收获更多。

3. 手工体验

手工制作可以被视为闲情雅趣，不过这里的手工制作强调家长与孩子共同完成，或者由家长指导孩子完成，目的在于培养孩子的动手能力以及孩子的创造力和想象力。家庭手工项目包罗万象，特别是利用废旧物品再创造的手工制作，不仅可以美化家居，也可以彰显个性，还可以让孩子从小明白环保的概念，提高自己的创造力和想象力。

与孩子共同完成手工制作的好处很多，包括增进亲子关系、增添生活乐趣、促进认知能力、提高手脑协调、培养持续耐心、增强自尊自信等，这些好处对于软装师本身也会受益匪浅。很多手工产品兼具观赏和实用价值，既能够培养孩子拥有某种爱好，也可能预示着孩子将来的人生方向。

4. 种植体验

绿植栽培可以培养个人与自然之间的情感，如果软装师与孩子共同进行栽培，如种番茄、香草和辣椒等，可以从小培养孩子对自然的认知与情感，体验到享受自己劳动果实的乐趣。软装师需要认识绿植本身也是家居空间里最环保的装饰物，特别是那些可以净化空气和消除甲醛的绿植，比如绿萝、常青藤、吊兰、白掌、虎尾兰、芦荟和燕子掌等。

绿植能给空间带来生机与活力，是视觉享受与调节室温的最佳选择，适用于所有的空间；绿植还能让人缓解压力，是缓解疲劳的能量源，因为它吸收了太阳的能量并传递给人们，让家居充满自然的气息。我们或许没有花园和庭院，但是只要有一个阳台（或窗台），都可以成为一个绿意盎然的角落或平台。绿植栽培不在于多少或大小，重点在于培养我们对自然植物的认知。

5. 住宿体验

每个人或多或少都有住宿的机会和感受，比如住酒店、汽车旅馆、民宿、农家乐、度假村或出租房等，每一种住宿体验都不一样，酒店缺点也许正是民宿的优点，家庭旅馆的优势或许正是度假村的弱势，等等。体验不同的住宿形式可以从侧面了解各地不同的生活方式，在享受服务的同时，也丰富了软装师对于居住空间环境与人之间关系的认识和感悟。

选择不同的住宿形式并将其进行分析与对比，体验各种与家居空间非常近似的居住感受，养成仔细观察、记录设计细节的习惯，同时观察环境和思考一些现象造成的原因，以及观察问题并思考方案的习惯。

6. 美食体验

美食是文化的重要组成部分，是了解一个地方人文特色的切入点。中华美食文化博大精深，世界其他地区的美食也各有千秋，常常相互影响，彼此借鉴。对美食的追求往往体现出人们的智慧和对生活品质的要求，值得细细品味、认真琢磨。软装师需要养成观察制作美食过程的习惯，包括与烹饪有关的工具、盛具、食材和辅料等，以及烹饪的程序、仪式、礼节、方式与用餐环境的色彩、照明和家具等，有助于更深地理解生活的目的和意义。

软装师不仅需要了解传统美食文化，也需要了解当代健康饮食理念，如何将二者完美结合起来是全人类的共同愿望和探索目标。软装师不必成为美食家，但是美食体验不仅仅只是品尝美味，更重要的是注意观察和思考各种美食背后依附的文化内涵，包括对当地人们日常生活的影响以及造就当地美食的自然环境等。

7.产品体验

家居软装不是舞台布景，应该体现"以人为本"的原则，每一件家居用品都应该满足美观与实用的双重要求。软装师常常需要为客户提供或推荐家居用品，除了产品的外观和价格，更需要重视其功能、品质、安全、舒适和便捷等要素，并亲自试用它们，养成仔细观察和检验的习惯，包括测试纺织产品是否亲肤、透光和耐磨等；咨询、参观制造工厂来提高鉴别软装产品的能力，不完全相信任何单方面的介绍。

软装师需要特别关注家具的品质和安全，学会鉴别木质家具、实木家具和各种贴皮家具等，仔细检查家具的材料应用、组合方式、内部结构和表面处理；亲自试坐沙发、椅子、床具等，感受品质、安全和舒适度是否符合人体工程学，以及贴近嗅闻家具是否存在甲醛异味等；对于灯具，同样需要认真检查其开闭方式、材料应用和制作质量等方面，特别需要确定灯光对眼睛的刺激度，是否柔和或者舒服。

8. 沟通体验

家居软装是一门特别重视与人打交道的行业，学会掌握与人沟通的能力是软装师的基本功之一。沟通能力包括倾听能力、表达能力和争辩能力等，是一个人内在素质的综合体现。具有良好沟通能力的人士并非只是能说会道、夸夸其谈，而是通过让人信服的语言传达个人所拥有的专业知识和专业能力，给对方留下舍我其谁的良好印象。沟通能力可以通过后天训练提高，平时多听语言类的节目、多与亲朋好友交流、阅读文学作品等都有助于此种能力的提高。

软装师首先要学会耐心倾听，因为倾听能力比表达能力更为重要，只有事先深入理解客户的需求才可能提供更好的服务；其次学会清晰、准确进行表达，前提是思维明晰和准备充分；然后还需要了解和把握沟通的目的和要领，事先做足功课才不至于词不达意或者话不投机，并养成经常思考、纠正和改善沟通问题的习惯。软装师要注意避免缺乏个性的表达方式，有意养成带有个人标签的表达方式是让人留下深刻印象的妙诀。

9. 社会体验

人的一生需要经历三个教育系统——家庭、学校和社会，其中社会是我们离开校园之后必须终生修炼的大学。软装师需要融入到社会中去，深刻理解和感悟家居生活与社会生活之间的相互关联，不仅需要了解家庭和个人的特点、需求、个性与问题，也需要关心社会的问题、需求、特色和发展。

社会体验不仅是熟悉和了解社会与家庭或个人之间的关系，也是认识和了解社会与环境和自然之间的关系，以及城市的发展、社会的功能、文化的交融和健康的生活等。软装师需要观察所处的城市或社区，积极参与各项活动，在旅行期间了解和观察当地社会、历史和文化之间的关联，开拓自己的视野和眼界。

10. 文化体验

文化是一个广泛而人文的概念，包罗万象、因人而异有不同的认识和理解，但无论何种文化均须适应时代的发展和需要才能继续传播下去。广义的家居文化是民族文化的组成部分，狭义的家居文化是家族文化的构成要素。随着时代的进步，当今世界文化发展的大趋势是包容与融合，软装师需要用独立的思维去看待传统与现代、东方与西方文化的今天和未来。

文化体验不只是纸上谈兵，而是脚踏实地的调查研究和身体力行的亲身感受。软装师虽然不必成为文化大师，但是需要通过阅读、探访和旅行去认识和了解世界各地的传统和当代文化，观察、思考传统与当代的关联与差别，以及东方与西方文化的冲突与交流。

11. 自然体验

随着人类社会的高速发展，我们离自然越来越远，软装师需要经常亲近江河湖泊、山峦森林去感受大自然的馈赠，以及生命的价值和意义。它是软装师取之不尽、用之不竭的灵感源泉，每次体验之后，需要思考和总结真实的感悟和收获，让身心完全融入到自然的怀抱。

自然体验也称为"自然教育""自然鉴赏"和"自然学习"，需要经常带领孩子一起去接触，无论是远足、旅行或是踏青，与孩子一起感受对自然的热爱与关注，也体会生命的伟大与渺小，更领悟到人是自然不可分割的组成部分，养成思考和爱护自然的习惯。自然体验对于软装师来说是一堂无声胜有声的课程，通过风声、雨声、鸟语、波浪的传递来让我们理解世间万物的生存之道。

12. 绘画体验

绘画对于软装师来说，既是表达思维与交流沟通的有效工具，也是培养美感和训练眼睛的重要手段，更是提高想象力和创造力的最好方式之一。它有助于我们理解构图、光影、色彩、材质和造型，也有助于理解空间、环境、意境、景物和人物之间的重要关系，从而能够更好地感受环境、情感、心理、思维和生活。一个擅长绘画的人通常有着更高的品位和气质，并由此影响个人的生活空间和衣着装扮。软装师需要通过绘画提高并形成自己的独特色感，细心观察色彩的变化、关系和特性等，努力通过后天训练去提高我们的综合素养。

绘画的表现方式和内容不拘一格，工具也可以根据自己的习惯任意选择。我们并非要求从业人员都成长为专业画家，而是懂得利用绘画来提高个人的审美情趣和陶冶情操，尽可能远离世俗的纷争，净化心灵。软装师养成绘画的习惯还可以培养手、脑配合的默契度，能够更好地理解和解决软装设计中遇到的一些问题。

三、思维模式

　　每个人都有着与生俱来的思维模式，称作"本能思维"或"常识思维"。在同一个地区生长的人，因大环境一样造成其思维模式大同小异。作为需要独立思考和创新的软装师，需要有意识地培养与众不同的思维方式，最终形成自己独树一帜的直觉思维能力，这也是软装师的重要能力之一。思维模式决定了职业成长的最终高度，它是与生俱来的先天条件与后天影响的成长环境、教育程度、家庭背景和个人经历等综合因素在成年期长期形成的结果。

　　思维模式也决定了一个人的最终成就，对于软装师来说，有意修正和改变与普通人相差无几的思维模式尤为重要，通过主动思维、开放思维、发散思维和逆向思维的自我修炼，最终形成直觉思维和灵感思维的能力。所以，决定软装师最终高度的有时并非专业知识，而是面对专业问题的直觉和快速反应能力，这样促成他们能更高效地解决问题。

1. 视觉思维

不同于普通人的思维模式，软装师的思维模式基本建立在视觉思维的模式之上，需要依靠涂鸦记录、文字记录和思维导图等来引导思维和表达想法。视觉思维的好处在于让沟通变得更加顺畅，让工作更有效率，其具体方法就是运用所有人都能看懂的视觉语言——文字、线条和图形组成的画面来进行表达。软装师需要养成用视觉语言表达思维的习惯，比如思维导图、情绪板或灵感板等，可以提高收集、整理、思考、分析和总结的思维能力。

2. 主动思维

主动思维又称"积极思维"，是指成长过程中积极主动的思考能力，而不是被动接受知识的灌输和等待他人的指令。人的思维就像是一座城堡，如果内部不愿主动突破，外部无论怎样努力也无济于事。我们应养成在学习和工作中主动思考、反问、预见、分析、总结和提炼的习惯，目的在于培养工作的创新性和主观能动性。

3. 开放思维

开放思维是指突破传统思维模式和狭隘视野，从多视角和全方位看问题的一种思维模式，其对立面包括保守、教条、片面、被动、消极、孤立和封闭等，目的在于不断创新和不断前进。软装师注意避免因循守旧、墨守成规，要养成多视角和全方位的开放思维习惯。

4. 发散思维

发散思维也称"扩散思维"或"辐射思维"，是指在创造或解决问题时，从已有的信息出发，尽可能地向不同方向扩散和辐射，不受已知或现有思维模式的约束。其目的在于丰富我们的想象力，从而获得多种解决方案并最终提高创造力。软装师注意避免思维受制于既定模式，应养成向多方向扩散的发散思维习惯。

5. 逆向思维

逆向思维又称"反向思维"或"求异思维"，是与常规思维呈反向的思维模式，能够获得与众不同的想法和提案。它不受陈规旧俗的束缚，也不随大众人云亦云，目的在于突破常规、开拓创新。软装师注意避免亦步亦趋，要逐渐养成与众不同的反向思维习惯。

6. 批判思维

20世纪著名的爱尔兰建筑师和家具设计师艾琳·格雷（Eileen Gray）关于创造力有一句名言，"To create, one must first question everything"（创造之前先质疑所有问题），一语道出了设计创意与思维模式之间的因果关系。批判思维是指可以改变固有模式的思维，是对自己或他人思维模式的反思。批判思维必须建立在理性的基础之上，也需要建立在逻辑的基础之上，因此需要独立自由的创新精神。

批判思维有助于避免随波逐流，有助于个人站在不同角度和高度去重新审视那些习以为常的普遍做法。家居软装的魅力源自于空间主人的个性魅力，不可能存在千篇一律的模式和审美标准。根据这一原则，软装师需要养成质疑固有软装模式和审美标准的习惯，培养从客户角度出发的直觉思维能力，并提出最合适的设计方案。

7. 直觉思维

直觉思维是指未经规定程序仅凭直觉迅速对问题作出的反应、判断和决定，它是建立在自我修炼得来的开放思维、发散思维和逆向思维基础之上，目的在于快速获得最直接、最简单和最正确的解决方案。直觉思维作为一种本能反应，是面对问题时的一种直觉反应，需要软装师长期不懈地学习和专业培养。

8. 灵感思维

灵感思维类似于直觉思维，是指凭借直觉而具备的快速思维模式，是大脑经过长期训练之后因受到某件事物的启发而瞬间产生的一种创造性思维模式，能快速而直接获得创造性解决方案。软装师需要培养独立观察和思考的习惯，特别需要注重培养联想力和想象力，养成用软装思维来观察生活和思考事物的习惯，为创作时需要的灵感乍现积累每一滴露水。

9. 感性和理性

　　感性思维代表情感和冲动，用本能和感情来代替大脑思维；理性思维则表示理智和冷静，是用思考和分析来主导大脑思维。感性思维是与生俱来的本能反应，理性思维则是依据客观事实经过大脑分析之后的判断，不过理性思维源自于感性思维。二者在设计领域的表现不同，理性至上的结果常常表现出冷漠僵硬，而感性泛滥的结果则容易华而不实。一般来说，大部分女人习惯感性思维，而大部分男人偏向理性思维，例如充满感性思维的波西米亚风格和强调理性思维的现代简约风格各有千秋，并无长短优劣之分。

　　理性思维属于抽象思维或逻辑思维的范畴，一个人的理性思维越坚定，其知识能力越高，越不易被世人干扰、左右和理解，反之亦然。软装师需要养成区分对待客户的思维习惯，既要有感性思维充满激情的创意，又要有理性思维解决问题的技能。

10. 具象和抽象

人类艺术的发展史上，具象艺术属于传统和过去，抽象艺术属于现代和未来。欣赏具象艺术可以培养具象思维，欣赏抽象艺术则可以训练抽象思维。一般来说，古典或传统装饰艺术因为需要感性思维模式所以适用于具象思维，现代或当代装饰艺术需要理性思维模式适用于抽象思维。

抽象思维又称"逻辑思维"，是人运用概念、判断和推理来分析事物本质的认识过程，是一种高级的思维模式，是建立在概念、判断、比较、分析、综合、推理和概括之上。具象思维与抽象思维各有所长，每个人都具有不同程度的思维能力，软装师应该学会针对不同的软装需求来充分发挥二者之所长，培养综合的思维方法。

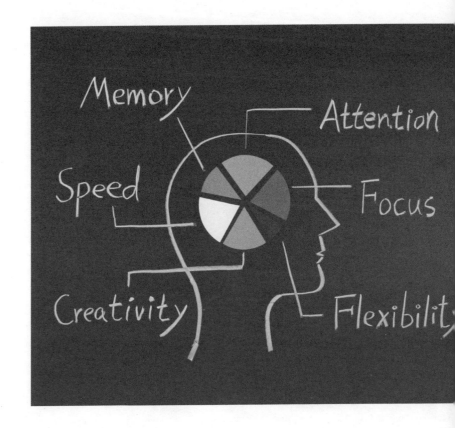

四、艺术修养

　　对于被称为"杂家"的软装师来说，艺术修养是一门永无止境的必修课。软装师不仅需要了解和熟悉东西方艺术的流派和名师，也需要了解其背后的故事和时代背景，同时还需要了解那些与软装看似无关实则很有关联的艺术种类，比如美术、环境、音乐、舞蹈、文学和戏剧等，有助于丰富和增强我们的想象力和创造力。

　　世上的事物没有生而知之，只有学而知之，古今中外任何流派的大师成就无不建立在其一生孜孜不倦的自我修养之上。软装师要像海绵那样如饥似渴地吸收各方面的艺术营养，才不会有与普通人无异的审美品位。任何艺术"大咖"的言论和文字都是个人的理解和认识，软装师需要不断充实自己的内心，才能形成独立的判断能力和个人鉴赏能力。

1. 中国书画

中国绘画艺术简称"国画"，起源于汉代，表现形式从早期的具象到后来的写意，是中华文化传承千百年的重要载体。国画题材主要包括人物、山水和花鸟等，其中人物画表现人与人的关系、山水画表现人与自然的关系、花鸟画表现人与自然生物的和睦相处，传递出中国古人的宇宙观和人生观。发展至今的国画依据表现形式、内容与技法等衍生出了许多流派，并对近邻的日本绘画影响深远。软装师需要思考如何在当代家居空间中去表达出文化的灵魂，养成独立的鉴赏、判断能力。

书画是中华文化的灵魂，背后是五千年的华夏文明。最早书法与绘画分别发展，然后合二为一，以至于形成"无书不成画"的独特现象，是中华民族独一无二的艺术表现形式，这也是软装师了解中国书画艺术的切入点。传统书画大多是古代士大夫们失望于仕途而寄情山水的情感宣泄，也是他们追求独立人格和自由精神的灵魂寄托。关于中国书画艺术，由蒋勋编著的《汉字书法之美》和苏立文编著的《中国艺术史》都是值得一读的好书。

2. 西方绘画

西方绘画经历了古典艺术、近代艺术、现代艺术与当代艺术的漫长发展阶段，其中以进入 19 世纪之后出现的印象派表现尤为突出。现代艺术起源于 20 世纪初，突破了古典艺术与近代艺术的写实特征，强调艺术家个人的观点和艺术语言，表现出艺术家对艺术形式孜孜不倦的探索与追求，由此产生的艺术流派包括野兽派、立体派、未来派、超现实主义、抽象主义、波普艺术和照相写实主义等，每一种流派的背后都有着与之相对应的时代背景和精神内涵。

当代艺术是指今天的艺术，是兼具现代精神与现代语言的结合体，与现实的社会、环境、文化和生活息息相关，体现出多元化的时代特征。其艺术语言包括错视觉、材料转换、变体、创意、身临其境、涂鸦、调侃、文本和肢体语言等。软装师需要全面了解西方绘画的历史和流派，提高自己对绘画艺术的鉴赏能力。关于西方绘画艺术，由蒋勋编著的《写给大家的西方美术史》值得一读。

3. 雕塑艺术

东西方文明中都有着悠久灿烂的雕塑艺术，无论是秦朝的兵马俑还是汉代的青铜器，均代表着中国雕塑艺术的巅峰；古希腊和古罗马的雕塑艺术则代表了西方的美学一直延续至今。雕塑包括圆雕、浮雕和透雕，是某种立体的绘画，在古典建筑与室内装饰当中举足轻重。今天的雕塑不仅应用于室内空间，也大量应用于室外园林，是现代景观设计不可或缺的组成部分，特别是现代雕塑、现代建筑与空间形态之间的相互交融，值得软装师们细心观察和认真思考，因为构图和造型是我们的终生必修课。

雕塑作为一种三维造型艺术，是艺术家用于表达思想和交流情感的重要手段。古典具象雕塑能够提高人们的审美力，现代抽象雕塑则能培养人们的想象力。软装师需要观察和思考如何将环境艺术当中的雕塑与空间概念引入室内，也需要观察和思考古代宫殿或现代博物馆中的雕塑与空间的关系，逐步培养将手工艺品、花瓶和其他饰品视为雕塑并引入室内空间形成默契配合的想象力。

4. 平面艺术

平面设计也称"视觉传达设计"，通过综合符号、图片和文字创造出以"视觉"来沟通和表现的方式，以此传递思想和信息，被广泛应用于出版、广告、网站和包装设计等二维空间领域。它从文艺复兴开始与建筑、雕塑和绘画艺术共同构成造型艺术主体。平面艺术主要由创意、构图和色彩等要素构成，与三维空间领域的软装设计有着异曲同工之妙，因为三维空间的室内软装从静态的角度去看就成了二维空间艺术，其美学的基本原则与软装设计如出一辙。

软装师需要学习和了解一些平面设计知识，不仅可以将平面设计的点线面与色彩概念运用于软装之中，也有助于理解和掌握平面构成、色彩构成、立体构成和透视学的基本原理，能够有效提高软装需要呈现的视觉效果。平面设计所要求的基础工具（如软件操作）和美术功底也同样是软装师需要掌握的。无论走到哪里，软装师都需要养成观察和记录周围商业平面作品的习惯，并且随时在脑中分析，同时自创最能代表自己企业形象的视觉识别（VI）。关于平面设计的基础知识，由（德）马库斯·韦格编著的《平面设计完全手册》值得一读。

5. 民间艺术

历史上的民间艺术不同于宫廷艺术和文人艺术，是普通劳动者为了满足生活和个人需求所创造，包含了民间工美、民间音乐、民间舞蹈和民间戏曲等，其中民间工美又与传统手工息息相关，比如剪纸、皮影、年画、泥塑、编织、刺绣和印染等。由中国电影导演吴天明执导的电影《百鸟朝凤》和《变脸》讲述的都是关于传统民间艺术的故事，表达了导演对于传统民间艺术的情怀与思考。

民间艺术是传统文化的根基，也是维系传统文化的物质纽带。在重视、挖掘传统文化的今天，软装师需要重点关注那些正在逐渐消失的艺术种类，了解、思考如何在家居空间里表达个人对于民间艺术的情感与关怀。有关传统民间艺术的书籍并不多，由包贵韬编著的《民间艺术读本》值得一读。

6. 陈设艺术

中国的陈设艺术源远流长，可从仅存的古典绘画当中管中窥豹。五代十国（公元 10 世纪）时期，南唐画家顾闳中的《韩熙载夜宴图》便是其中不可多得的精品。至明清时期，室内陈设艺术达到顶峰，详述于明末文人文震亨所著的《长物志》中，明清时期广泛流传的春宫画当中也有所描绘。对比《韩熙载夜宴图》与《长物志》的描述，能看出陈设艺术随时代变迁的沧海桑田，也会发现传统陈设艺术就像一面反映古代士大夫们生活方式的镜子，是他们寄情于亭台楼阁、琴棋书画的世外桃源。

现今保存较为完整的陈设艺术基本以明清时期为主，特别是晚清时期的陈设，比如始建于 1756 年山西的乔家大院、建于 1742 年周庄的沈厅、建于 1875 年杭州的胡雪岩故居和建于 1899 年嘉兴的莫氏庄园等。直至 20 世纪上半叶，以上海为代表的租界城市深受西方文化影响，呈现出独具特色的海派文化，并由此辐射至全国。家居软装作为一门与时俱进的生活艺术，软装师不需要重复与复制，而是需要思考如何从传统家居文化中去其糟粕，取其精华，古为今用。

7. 装饰艺术

西方室内装饰艺术同样历史悠久，19 世纪之前的古典装饰普遍存在于权贵阶层和上流社会空间之中，比如 17 世纪的巴洛克、18 世纪的洛可可与新古典风格等。比较闻名的古典装饰艺术博物馆包括美国纽约大都会艺术博物馆、费城艺术博物馆和旧金山加利福尼亚荣誉军团馆等。

直至 19 世纪，工业革命加速产生大批新生的中产阶级，由此促成室内装饰艺术在中下阶层的家居空间中逐渐普及开来，成为现代家居装饰艺术的起点。软装师需要重点关注和了解近现代西方装饰艺术的 4 次大浪潮：

① 19 – 20 世纪初，维多利亚女王创立"日不落帝国"，使得妇女地位大幅提升，由此产生的新兴中产妇女阶层让极具女性特征的维多利亚风格走入千家万户，并且风靡全球，引领全球家居软装的第一次浪潮。

② 20 世纪 20 年代，第一次世界大战结束，由于社会、经济和科技的发展给生活方式带来翻天覆地的变化，由此促进了大众家居装饰艺术的发展，同时因为消费产品的蓬勃发展为 Art

Deco 的诞生奠定基础，成为家居软装的第二次浪潮。

③ 20 世纪中叶，第二次世界大战结束，由于家居电气化的普及带来影响深远的厨房革命，再次推动生活方式全面走上现代化的道路，成为家居软装的第三次浪潮。

④进入 21 世纪之后，人们比历史上任何时期都更重视家庭生活，世界文明的大交流和家居文化的大融合带来家居软装的第四次浪潮。

今天，我们认识到传统单一化的装饰已经步入历史，世界家居装饰艺术呈现多元化的趋势，具有包容、开放、变化和丰富的特性。作为新时代的软装师，需要清醒地认识到当今的家居装饰艺术正朝着越来越简单、舒适、人文、人性、个性和环保的方向发展，同时还与时尚潮流息息相关。关于欧美家居装饰艺术之主要风格，吴天簏编著的《软装风格要素》一书里有详尽描述。

8. 家具艺术

家具的发展史就是人类的发展史，也是家居生活的发展史。家具是空间永恒的主角，也是家居软装的主角，室内空间因家具的存在而变得宜居、有用、舒适和美观。东西方的家具式样丰富并各具特色，中国古典家具从"春秋－秦汉－唐宋－明清"，西方古典家具从"古罗马－文艺复兴－新古典－维多利亚"，家具从诞生开始直到现在从未有过间断。现代家具在 19－20 世纪工业革命加速发展的推动下更是飞速发展，带动世界上无数设计精英们贡献出毕生才华。

在所有的软装要素当中，家具的重要性不言而喻。软装师需要十分了解古今中外各地域、各时期的家具式样与特征，这是我们必须掌握的基础知识，还包括相关的工艺和材料等。在懂得如何应用家具的同时，让软装方案变得更清晰和有依据。除此之外，软装师还需要懂得家具背后的文化内涵和绿色环保特质等。《欧美经典家具大全》是关于西方古典和现代家具书籍当中值得一读的专业书籍。

9. 环境艺术

环境艺术包括城市艺术、建筑艺术、室内艺术和园林景观等领域，主要研究人与空间之间的关系，是空间形态与空间氛围的缔造者。环境艺术涉及的区域包括城市、街道、广场、园林、建筑与室内空间等。仔细观察这些人造环境，观察氛围与空间性质的关系、氛围如何影响人物行为，同时思考人们产生不同情绪反应的原因，认识环境对人的影响以及人与环境的关系，这一点与家居空间环境氛围的营造理念异曲同工。

软装师不一定非要远行才能观察到环境艺术，自己生活所在的城市、公园、商场、街道甚至小区都是很好的观察地点。什么样的环境让人赏心悦目、流连忘返？什么样的环境让人望而却步、不愿久留？停下脚步、坐下静观一会儿，养成驻足观察的好习惯，就能获得一种真实的感受。

10. 音乐、舞蹈

通过不断变换的肢体语言来表达情感的舞蹈艺术，其丰富的视觉感染力与同样变化无穷的软装艺术异曲同工。音乐和舞蹈一样，都需要一定的情感和想象力才能欣赏到其美妙之处，软装师需要特别注重培养和丰富自己的情感和想象力。

无论是东方音乐还是西方音乐，不同乐种对于个人的审美影响不同。舞蹈是舞者根据自己对音乐的理解通过肢体语言表现出来的，而情感是音乐的灵魂，因此能够打动人心。旋律、节奏与和声等音乐的基本元素不具备可复制性，必须依靠自身不断接触来产生共鸣然后融入灵魂。音乐和舞蹈对审美的影响并非立竿见影，而是需要通过长期有意识地接触，然后潜移默化让它们逐渐转为身体的一部分。

职业软装师的审美和品位必须与众不同，长期有意识地欣赏高雅音乐和舞蹈，不仅能够提升个人的审美和欣赏水平，而且还能提升优雅气质和丰富精神世界。建议有理想的软装师用严苛和挑剔的标准来选择音乐和舞蹈，拒绝任何低级趣味的表演形式。当然，无论是古典的还是通俗的，都值得我们去欣赏并陶醉其中。

11. 舞台戏剧

舞台戏剧起源于人类古老的宗教仪式，发展到今天的戏剧种类包括戏曲、话剧、歌剧、舞剧和音乐剧等，是由演员在舞台上讲述故事的一种艺术形式，通常带有配合剧情的舞台布景，也是现代电影艺术的前辈。中国的传统戏剧属于民间艺术的范畴，是文化传承的载体，不是民间艺人赖以生存的手段。软装师需要学会欣赏不同形式和不同语言的戏剧表演，通过长期熏陶来达到丰富精神世界和提高艺术修养的目的，特别是那些没有舞台布景的传统戏剧，有助于提高想象力和理解力。

戏剧是与影视作品类似的表演艺术，都是通过可视艺术的表现方式来诠释作品，通过舞台表演来讲述故事、表达情感，欣赏戏剧表演有助于提高软装师的空间表现力和理解场景与人物之间的空间关系。无论是影视作品还是戏剧作品，都能够让我们欣赏到表达某种情感或主题的方式与技巧，这对于软装师培养如何表达感情和主题十分有益。

12. 诗歌文学

文学作品与音乐表现形式类似，都属于无可视艺术的表达方式，需要通过文字来调动自己的想象力，在大脑里形成一幅幅生动的画面和场景，因此阅读是丰富想象力的最佳手段。软装师在阅读文学作品时，不能走马观花式地浏览，而是要在大脑里"看见"场景和"听见"对话，产生一种"身临其境"的体验，从而培养自己的联想力。不同国家或民族的文学艺术呈现出不同的表达方式，这些均有助于丰富我们的视觉语言和情感世界。

诗歌是文学这顶王冠上的宝石，是一种比长篇文学作品更精炼的精华，在提高人们语言能力和形象思维方面有着无可替代的作用，因此也比其他文学类型更有助于提高联想力，特别是传统的中国古典诗词，值得用心品味。软装师经常阅读文学作品有助于增强空间想象力、提升文化素质、陶冶情操和提高思想境界，也可以感受到不同文字表达的方式和魅力。建议软装师尽可能去阅读古今中外的诗歌、散文和小说等，无需带有任何局限或者偏见。

13. 宗教、哲学

世界上的宗教种类数不胜数，但是主要的只有几个，而且东西方宗教之间有着剪不断理还乱的关联。人类的原始艺术诞生于宗教，宗教是艺术化了的哲学，而美学则是艺术的哲学。软装师了解宗教的目的，在于理解深层次的文化内涵，识别形形色色打着宗教幌子的奇谈怪论。

哲学与宗教本是同根相生，作为宗教另一面的哲学，教会我们从另一个角度去重新认识世界、自然、社会、艺术和生活。软装师懂一点哲学有助于更好地理解这个世界，从而使我们站在一个更高的层面去思考和解决问题。由罗素编著的《罗素文集（第 2 卷）：哲学问题——宗教与哲学》和谢林编著的《哲学与宗教》是有关书籍当中值得一读的好书。

五、心理研习

　　心理学是一门研究心理活动规律的学科，依据人脑对客观事物的反应所获得的感觉、知觉、记忆、想象和思维来进行总结和归纳。为了更好地体现"以人为本"的原则，帮助我们更好地为客户服务，与现代设计息息相关的心理学分支——视觉心理学应运而生。家居软装是一门直接与个人打交道的设计专业，了解一点心理学知识可以帮助我们更深入地走进客户的精神世界，从而更准确地理解和把握客户的心理需求，最终学会从客户的角度出发去做合适的设计。

　　成熟的软装师懂得利用与生俱来的视觉心理来改变人们在目测上的感觉和体感上的触觉，比如把偏暖的织物染成蓝色，在视觉上织物的柔软感就会减弱，而把偏冷的金属漆成红色，则会在视觉上让金属的坚硬感消失，诸如此类。他们也懂得将材料软硬搭配应用，比如温馨的空间多用软性材质、冷酷的空间则多用硬性材，根据空间氛围需要将轻质、重质材料或者自然肌理材料与人工材质进行选择搭配等。

1. 客户心理

　　服务型行业均需了解客户心理学，这是客户与软装师之间建立互信关系的第一步，也是软装服务取得成功的关键一步。家居软装是家庭生活的真实写照，容不得半点虚假和想象，因此需要仔细了解每一位成员。人的语言表述往往带有不准确性和不确定性，软装师需要像侦探那样，通过各种途径观察客户的所有信息，从蛛丝马迹当中寻找关联内容，并且进行认真整理、分析、研究和判断。

　　家居软装必须根据每个人的心理需求对症下药，深入分析和研究客户心理需求，做出最适合客户预算和最打动客户心理的方案，才可能成为一名赢得客户欢心、信任和尊重的软装师。软装师需要真实而全面地了解客户，尽可能收集千头万绪的相关资料，包括个人特征、家庭关系、兴趣爱好、色彩偏好、图案偏好、材质偏好、式样偏好、生活方式、人生经历、文化程度、职业性质和年龄性别等，这些都是我们提供方案时的重要设计依据。

2. 审美心理

审美心理主要研究人类在审美过程中的心理活动规律，是一门集美学、心理学和文艺学等相关学科于一体的边缘学科。了解一点审美心理有助于我们理解人们的审美需求，从而帮助我们更好地为大众服务。软装师需要重点关注：

①了解不同时期、不同阶层人们的审美标准和缘由。

②掌握当下不同阶层人们的审美特点和变化。

③预见不久将来人们的审美方向和趋势。

人类与生俱来生理与心理的双重需要，其中审美需要不容忽视。审美追求大概经历了一个从"简单–复杂–简单"的过程，没有高低对错之分。个人的审美标准受社会环境、时代背景、所属阶层、教育程度和成长经历等因素影响，不可能用一个标准来衡量和要求所有客户，更不可能把自己的审美标准强加给别人。软装师需要树立与普通大众不同而且更为专业的审美标准，形成独特的个人风格，这样才有可能更好地去欣赏、理解、定位和实现别人独特的个人风格。

3. 视觉心理

视觉心理主要研究外部景象通过视觉器官引起的心理反应，与审美心理息息相关。外部世界丰富多彩，心理机制错综复杂，不同的人面对不同景象、相同的人面对相同景象、不同的人面对相同景象和相同的人面对不同景象时所产生的心理反应天差地别。视觉心理学着重于探究视觉收到景象信息之后的本能反应，是一种积极的理性选择，其反应结果取决于个人的兴趣、爱好、情绪、经验、意愿、年龄和性别等因素。

视觉心理学涵盖了本章的所有内容，也包括了视觉形式美的基本法则，比如对称、和谐、对比、平衡、律动、节奏、比例、重心、整体性和多样统一性等。人们总是根据自己的意愿来选择观察事物，从而决定是否需要深入探究内涵；总是依据过去的经验判断事物的合理性和真实性，并非凭借事物实际存在的本来面目去判断。软装师需要着重思考如何改变客户的意愿和经验来影响和引导客户选择，从而获得期望的结果。

4. 色彩心理

色彩必须依附某种物质而存在，人们可以控制并操纵它们来达到预期目的。影响色彩视觉效果的因素有很多，比如光照、面积、位置、角度、肌理和时间等，而且不同年龄、性别、民族、性格、环境、经历和文化程度的人对色彩的心理感受不尽相同。

色彩的心理感受包括冷暖感、轻重感、远近感、明暗感和宁静、兴奋感等，其中冷暖感包括红、橙、黄的暖色调，蓝、绿、紫的冷色调，以及黑、白、灰的中性色调；轻重感包括暖色调的偏重感和冷色调的偏轻感；远近感包括暖色调的膨胀感与冷色调的收缩感；明暗感包括白、黄、橙的明亮感和紫、蓝、黑的灰暗感，宁静、兴奋感则包括蓝、绿、紫的宁静感和红、黄、橙的兴奋感。软装师需要牢记这些常用的色彩心理效应并融入思维之中，养成随时随地观察色彩带给自己心理反应的习惯。

不同的色彩代表着不同的寓意，它们之间存在着某种内在关联，但彼此又具有鲜明的特性。

①红色。红色是一种令人兴奋、激动和引人注目的色彩，由此产生的情绪联想词有刺激、火热、强劲、喜悦和充满热情。

②粉红色。粉红色具有安抚效果，由此产生的联想词包括

温柔、甜美、浪漫和放松等。

③橙色。橙色充满快乐、勇敢和兴奋，由此产生的情绪联想词为温暖、冒险、炫耀、健壮、鲜艳和醒目。

④黄色。黄色给人温暖、诱人、正式、古典和高贵之感，由此产生的情绪联想词是愉快、开明、温暖和幸福。

⑤绿色。绿色能让人镇静和舒服，由此产生的情绪联想词有和平、放松、和谐、安全、生态、平静、自律和悠闲。

⑥蓝色。蓝色使人愉快、舒展和平静，由此产生的联想词有信赖、安抚、和平、冷静、忠诚和安静。

⑦紫色。紫色让人感觉华丽和奢华，由此产生的情绪联想词为振奋、高贵、谦逊、神秘、迷人、富裕、灵性和尊敬。

⑧褐色。褐色是一种与绿色相近的中性色彩，由此产生的联想词为有机、可靠、稳固、亲切、大地和健全。

⑨灰色。灰色是一种适合于与任何色彩搭配的中性色彩，由此产生的联想词包括单调、平淡、枯燥、寂寞、雅致和含蓄。

⑩黑色。黑色是一种代表深刻内涵和最佳衬托色的色彩，由此产生的情绪联想词含括权威、庄严、强大、优雅、沉思、神秘和深沉。

⑪ 白色。白色是一种象征纯洁、清新和干净的色彩，由此产生的情绪联想词是纯洁、清新、朴素、凉爽、清冷、单薄、干净和中性。

⑫ 光泽色。光泽色包括金、银、铜、铬、塑料、有机玻璃和彩色玻璃等，是一些表面光滑、质地坚硬和反光强烈的物质，由此产生的情绪联想词有时尚、讲究、高级、华丽和辉煌。

5. 图形心理

图形心理学是一门研究图形、图案和人类心理之间内在关联和相互影响的学科，也是心理学和图形学的交叉学科。这是一门新兴的学科，还有许多未知的领域需要人们去探索。软装师了解一点图形心理有助于更好地理解和把握客户的心理需求，图形能将客户的情绪、喜好、气质和个性表达得一目了然，因为其传递的信息往往比语言更为丰富和直观。

不同的图形代表着不同的心理反应，选择几何图案代表克制、冷静、机械与秩序感，抽象图案则代表随性、动感、灵活和想象力。选择有机图形通常具有某种象征意义，比如人物图形代表注重情感和强调个性、动物图形代表爱心和爱护动物、植物图形代表崇尚绿色和关爱自然、风景图形代表尊重自然和亲近自然、文字符号代表传递情感和表达信仰等。

常见的图形心理反应包括：

①直线——反应明确、简洁、干脆、紧迫感、速度感、力度感、男性化、理性。

②曲线——反应柔软、优美、犹豫、韵律感、和谐感、柔和感、女性化、感性。

③斜线——反应动感、坚毅、变化、方向性、不稳定性、男性化。

④粗线——反应迟钝、厚重感、迟缓性、男性化。

⑤细线——反应敏感、轻松感、敏锐性、女性化。

⑥简洁——反应时尚、成熟、男性化。

⑦繁琐——反应传统、幼稚、女性化。

6. 质感心理

每一种质感都会给人带来不一样的心理反应或者视觉感受，如看到岩石会感觉坚硬、羊毛感觉柔软，另外一些则是人在成长过程中的经验积累，比如看到金属和玻璃会感觉冰冷等。软装师利用质感的心理反应来制造预设的视觉效果，观察自己的心理反应，同时注意记录那些不常见甚至没见过的肌理和质感。

常见的质感心理反应包括：

①冷质材质（金属、玻璃、石材）——偏冷。

②暖质材质（木材、织物、皮革）——偏暖。

③软质材质（织物、皮革、木材、塑料）——感觉柔软。

④硬质材质（石材、玻璃、金属）——感觉坚硬。

⑤轻质材质（玻璃、塑料、丝绸）——柔和、轻松，其轻盈感可以有效地减弱空间的局促感和压抑感。

⑥重质材质（金属、石材、木材）——生硬、沉稳，其厚重感和体量感可以增加空间的庄重感和仪式感。

⑦自然肌理质感（粗糙、褶皱、凸凹、瘢痕、裂纹）——随意、自然、朴实、有机。

⑧人工肌理质感（抛光、雕琢、镜面、漆面、无瑕）——拘谨、约束、华丽、无机。

7. 环境心理

环境心理学被广泛应用于建筑、室内和景观设计领域，常常作为指导设计的重要依据。在室内设计领域，环境主要指物理环境，影响室内环境心理的要素包括色彩、图案、空间尺寸、空间安排、家具布置、人口密度、空气质量和室温等。

那家具的安排和布置会产生什么样的心理效应呢？一名成熟的软装师通常会有意利用软装的简繁和软硬特质来试图影响客户。不同的家居环境对家庭成员的影响重大，软装可以最大限度地改善不可改变的建筑空间，从而增进和睦关系，缓解生活与工作上的压力。

公共空间里常用成行排列的家具，可以最大限度地减少人与人的目光接触，保持彼此之间的距离；家居空间里多用成组布置的家具，可以制造温馨、亲切的空间氛围，诱导交流的机会。环境心理学的研究证明，繁琐、豪华的室内装饰会产生拘谨和约束的心理效应；空旷、冷硬的装饰会制造冷漠和恐惧的心理；而简洁、朴实的装饰则产生轻松和愉快的效应，因此家居软装需要认真考虑环境与心理的关系。

8. 照明心理

不同性质和功能的空间对照度的要求大相径庭，比如家居空间与商业空间和公共空间的照度要求会完全不同，不可将二者张冠李戴。在相同的照明条件下，不同年龄和性别也会产生不同的心理反应，如儿童房间里要用灵活多变的照明方式，而老人房间则应用均匀、遮蔽的照明方式。软装师需要避免设置任何有害于健康的照明，注意区分不同年龄、性别的需求，养成经常观察不同类型空间中各种照明方式的习惯。

对于家居空间来说，弱光使人安静、疲惫，强光让人兴奋和紧张，而适度的光照最为舒适，因此选择对眼睛最舒适的照度是家居空间照明的设计原则。照明的要素包括眩光、光源显色性、色温和照度等，家居空间里要避免直接眩光和亮度突变，选择显色性好的光源、低色温和低照度的照明。色温分为暖色、中间色和冷色三类，其中温暖、柔和和舒适的暖色光适用于大多数家居空间。

六、民居印象

　　民居印象是指一个地方特有的自然环境和生活环境，也就是指当地的生活风格。不同国家或地区都有其独具魅力的风土人情，世界因此五彩缤纷。我们面对的客户需求五花八门、千姿百态，需要软装师主动、深入、系统和细致地观察，特别是与家居生活有关的内容，从而开阔视野、启迪思维、丰富想象和激发灵感。

　　软装师不仅需要对围绕民居的事物进行观察，而且还需要记录和整理，每次旅行结束之后将所见所闻和自我感受编辑并制成类似于"情绪板"的印象笔记，目的在于建立独立的档案资料库，从而得以积累。本章以极富地域文化特色的摩洛哥为例，就自然环境、历史沿革、特产物产、民风民俗、生活环境、生活方式、生活用品、色质图形和传统手工这 9 个方面来分别进行阐述。

1. 自然环境

　　自然环境包含了地理与气候两个方面。软装师需要观察并记录当地的自然环境，包括气候特点、植被特色和地理特征，它们是形成民居建筑式样的主要因素之一。摩洛哥地处非洲西北部与欧洲南部隔海相望，与地中海、大西洋、北非和撒哈拉沙漠紧密相连，既有地中海和大西洋的海岸风景线，又有一望无际的撒哈拉沙漠。因其特殊的地理位置，夏季炎热干燥，冬季温和湿润，常年气候宜人，被誉为"烈日下的清凉国土"。

2. 历史沿革

　　历史沿革是当地的历史背景，比如当地人的祖先来自于何方，历史上当地曾发生过什么重大事件等。软装师注意了解当地的历史背景，它们是当地家居生活背后的文化支撑和人文根源。摩洛哥是一个混杂着多个不同民族文化基因的国家，其中以阿拉伯文化的烙印最为深刻，同时受到来自于葡萄牙和西班牙的南欧文化以及非洲原始文化的深远影响。

3. 特产、物产

特产指某地特有而别处没有的产品，具有一定的历史和文化内涵；物产则指某地天然出产或人工制作但别处也可能拥有的物品。当地的特产和物产是人们日常生活的重要组成部分。以摩洛哥为例，特产包括彩绘工艺盘、银器、彩色玻璃杯、青铜茶壶、马赛克和地毯等，物产除了丰富的蔬菜、水果，还盛产香料和羊毛等。

4. 民风民俗

民风民俗是指某个地区人们集体参与的一些带有地方特色的传统文化活动，比如节日庆典和习俗礼仪等，代表着当地人们共同遵守的某种行为模式或规范。其源自于当地自然与历史特点形成的某种社会传统，会随着自然与历史的变迁而变化，对当地的生活环境和生活方式均影响深远。软装师注意观察和记录当地特色的民风民俗，它们与当地的生活、历史与文化息息相关。摩洛哥人大多信仰伊斯兰教，因此信仰忌讳和宗教活动成为其一大文化特色，也是重要的生活内容。

5. 生活环境

生活环境是指围绕日常生活所需的室内外环境，包括当地民居的建筑式样、建筑材料、空间特征和室内装饰。软装师需要观察和记录当地特有的生活环境，思考生活环境与自然环境和民风民俗之间的关联。摩洛哥人的生活环境取决于北非炽热干燥的气候和伊斯兰教的忌讳，因此采用厚重的砌筑墙体建筑住宅，将家居空间与外部空间隔离开来。其围合式住宅形式与中国四合院类似，所有房间均面向内庭院敞开，庭院喷泉的目的在于制造小气候，从而保持室内的凉爽，改善居住的舒适度。

6. 生活方式

生活方式本身是一个内容广泛的概念，在现代家居生活的概念里，主要是指空间主人在 8 小时工作之外如何度过，包括饮食、休闲、娱乐、休息、家务、兴趣和习惯等内容。软装师注意观察和记录当地独特的生活方式，它们是当地自然环境、历史背景、民风民俗、生活环境和传统文化的结晶。摩洛哥人的生活方式受阿拉伯文化的影响深远，日常生活离不开世世代代传承下来的香料、薄荷茶和水烟。

7. 生活用品

生活用品与生活方式息息相关，是指家庭日常生活必用的一些物品，包括锅碗瓢盆、杂物工具、家具、灯具和日用织品等。软装师需要记住当地重要的生活器物，它们是组成家居生活的重要部分。摩洛哥人的日常生活用品和器物包括彩色玻璃茶杯、银质或黄铜材质的茶具、水烟管和塔吉陶锅；标志性家具是六边形木雕支架黄铜托盘桌和镂空木雕屏风等；花丝灯罩是摩洛哥灯具中璀璨的宝石；其五彩缤纷的靠枕和床品采用织锦、亚麻、羊毛、丝绸、天鹅绒和棉布制作。

8. 色质图形

"色质图形"是色彩、质感、图案和形状这四大要素的缩写简称，软装师需要了解当地令人印象深刻的这四大要素，它们是当地民居印象的重要标志。摩洛哥的标志性色彩包括红色、紫红色、橘色、土褐色、红褐色、黄褐色、金色、银色、蓝色和绿色等；常见的材质包括纺织品、彩色玻璃、陶器、皮革、木雕和锻造金属等；典型图案包括几何图案、阿拉伯花饰、交织图案和混合图案等；典型的洋葱形状来自于其建筑屋顶，被广泛应用于门、窗洞或者家具之上。

9.传统手工

传统手工代表当地工匠历经百年代代相传下来的某些手工制作，它们是传承传统文化的重要记忆、符号和载体。软装师注意观察和记录当地特有的传统手工，无论是编织还是手工打造都能切身感受到当地人的传统精神。摩洛哥的传统手工技艺闻名遐迩，它们包括毛毯、皮革制品、银质或黄铜的托盘和陶瓷等。事实上其生活用品几乎全是手工制作，极具异域特色的手工编织羊毛地毯在每个家庭里都随处可见。

七、名宅鉴赏

　　成就之人往往个性强烈，其长期居住的家居空间，可谓是最真实反映个性的一面镜子。名宅是指历史上某些名人曾经居住过或由名师设计的住宅，比普通民居保护得更为完整和更有特色，中外都有无数保护起来的名宅供人观赏。软装师不仅需要对个性有真实的认识、理解和定位，也需要在软装实践当中学会表达客户的个性，而且也应该对不同时期、地域的住宅装饰艺术有更直观的了解和认识。参观名人名宅有助于软装师更好地理解个性与住宅之间密不可分的关系。

　　本章以被誉为"现代十大经典住宅之一"的米勒花园住宅（Miller House and Garden）为例，它也是美国国家历史地标之一。其建筑由建筑师埃罗·沙里宁（Eero Saarinen）于 1953 年设计，室外景观由景观设计师丹·凯利（Dan Kiley）设计，是现代住宅景观设计的里程碑，而室内装饰则由设计师亚历山大·吉拉德（Alexander Girard）设计。米勒花园住宅的建筑、景观和室内设计汇聚了当时各领域的顶尖人物（三位都是赫赫有名的大师），堪称现代名宅之集大成者。

1. 建筑景观

米勒花园住宅的建筑造型十分简洁，延续了密斯·凡·德罗（Mies Van der Rohe）"少即是多"的现代主义设计理念，整体布局开放、流畅，与同样简洁、开敞的室外景观融为一体，而景观则像一个没有屋顶的三维空间。围绕并脱离建筑外墙的遮阳雨棚，有着丰富而精细的细节处理，兼顾美观与功能之需。软装师注意观察和记录名宅的建筑造型、设计细节、周围景观与室内设计，同时思考米勒花园住宅的白色方形建筑、草坪、山毛榉、刺槐树与笔直的人行道是如何融为一体的，考虑建筑、景观与人之间三位一体的亲密关系。

2. 室内设计

室内设计主要是指名宅的"硬装"处理，包括顶棚造型、墙面处理、地面材料、色彩图案、楼梯式样和门窗式样等，它们共同努力为后续的软装提供了一个展示的舞台。软装师需要观察和记录名宅各个界面的处理方式，它们为下面的家居用品提供相辅相成的空间环境和衬托背景。米勒花园住宅采用石墙、玻璃墙和木质储藏柜门交错形成室内空间，其光滑而简洁的三界面与方盒形的建筑外观相得益彰、合二为一。

3. 家居用品

家居用品包括了家具、台灯、靠枕、床品、饰品和厨卫用具等，是点燃室内空间的能量来源。软装师观察和记录名宅的家居用品，感受它们为空间注入的灵魂与活力。以米勒花园为例，室内设计师亚历山大·吉拉德提供了织品、家具和装饰品等，特别是由其本人设计的彩色玻璃器皿，散布在各个房间的桌面之上，与来自于墨西哥、亚洲和东欧的民间艺术品交相辉映，与同样五彩缤纷的地毯和靠枕等共同为直线几何型空间带来了温暖和色彩，反映了 20 世纪 50 年代盛行的美学标准。

4. 生活习惯

名宅主人的生活习惯是其建筑、景观和室内设计的重要依据，也是参观名宅时最发挥想象力的部分。软装师观察名宅设计时，通过想象主人当年的生活方式，有助于培养将生活习惯与家居软装同时考虑的思维习惯。通过观察名宅空间的内部布局和家居用品，我们能够大致想象得出当年空间主人的生活画面，比如起居空间里的下沉式休息区，可以联想到宾客们围坐一起的情景，由软垫和靠枕包围形成的小空间温馨无比；用餐空间里半开放式厨房与家庭餐厅之间的无障碍互动等，由此可以感受到住宅主人热情好客和温馨安静的生活方式。

八、时尚认知

　　当今的时尚潮流与家居软装如影相随，如同一面双面镜那样反映出不同时期彼此的不同面貌。值得软装师关注的不应只是时装设计的流行趋势，而是服装所包含的四大要素（色彩、图案、造型和面料）与家居软装的四大要素如出一辙，其应用法则可以与家居软装相互借用。软装师通过提高自身对时尚的认知，可以改善职业形象，从而改变客户对自己专业能力的判断。

　　时尚是一种流行的、被广泛接受的生活风格，包含了对世界、自然、人文、社会、家庭、生活和人生的看法和态度，也是人们对自己的重新认识和定位。家居软装是一个与时俱进的行业，不可能用传统的审美水准来主导今天的家居空间，更不可能用陈旧的软装思维去为年轻客户服务。我们需要对时尚有一定的认知和了解，目的在于提高审美品位、开阔国际视野，避免孤陋寡闻和闭门造车。

1. 时有所尚

时尚不仅只指服饰潮流，而是代表某一时期人们所崇尚和践行的行为准则、审美情调、生活方式、社会导向和思维模式等。尽管许多时尚已经成为过去，但是仍然值得我们了解和认知，因为那是未来时尚的根源。软装师对过去的时尚元素了解得越多，就越能理解和看懂未来的时尚，也就越能主导自己的时尚。

时尚不会一成不变，它会时不时地回潮一下，偶尔出现一点令人惊艳的创意。如果一个人对时尚的发展细节有所了解，就会明白时尚就像一个滚动的车轮一样周而复始。软装师不仅需要了解当今的时尚，也需要了解过去的潮流，特别是 20 世纪以来各时期时装的特点，从而能够更好地理解当代时尚并能预见未来的趋势。除了阅读有关的书籍之外，好莱坞电影是了解各时期时尚的最佳课堂。

2. 时装秀场

无论是巴黎还是纽约的时装秀场，都是一场色彩、图案、面料和造型的盛宴，值得软装师们经常观赏和细细品味。就算不能现场观摩，也可以通过视频或是时装杂志来获取信息。流行色是最受软装师关注的要素之一，它们会直接反映在当年最新潮的室内设计当中。时装秀场作为一个展示时装的舞台，软装师还可从中观察其舞美设计、背景音乐、平面布置和空间氛围等设计要素来激发灵感。当然，家居毕竟不是时装，不可能像时装那样月月变换、岁岁新潮，参考需要适可而止。

尽管每年的潮流趋势千变万化，但其基本设计原则改变不大。软装师通过欣赏时装设计师的不同创作手法来领略和感受不同设计理念，特别需要仔细观察他们如何运用色彩、图案、造型和面料这四大要素，因为这也是软装设计的四大要素。

3. 服饰搭配

但凡与时尚有关的行业都会十分注重自身的外在形象，它们包括时装界、娱乐界、艺术界、设计界和文化界等，软装师经常观摩时装秀场并从中获得搭配灵感，发型、服装、鞋子、帽子、围巾、首饰和箱包等通通不要轻易放过，因为服饰搭配就是展现个人形象的最佳途径。软装师培养出具有鲜明个人风格并且大方得体的服饰搭配，不仅是职业标志之一，更是自己的最佳名片之一。

既然是搭配就不是套装，而是熟练地运用混搭手法进行的组合，混搭手法包括色彩混搭、图案混搭、材质混搭和形状混搭等，同时与个性、文化、时尚、传统与自然元素融为一体。软装师鲜明个性的穿着不是为了哗众取宠，而是通过它来表达个人对人生、家庭、时尚、文化和艺术等方面的观念和感悟，穿出真实的自我。既然从事设计行业，我们出门在外就要注重自己的仪表形象，让人一眼就能感受到其独树一帜的个性与品位。

4. 时尚家居

时尚家居主要是指国际流行的家居理念，主要特征表现在多元化、多混搭、多色彩、多个性、多健康、多环保、多创意、多民族等方面。时尚家居与时尚潮流息息相关，与家居生活方式的趋势紧密相连，只有充满活力的时尚家居才能拥有前进的生命力。

软装师需要在软装作品中体现出时代的气息，有空多翻翻时装杂志去感受时尚，也感知一些流行色彩、图案、造型和面料等要素的运用。软装师需要特别关注国际最新的流行家居生活方式，在观念和理念上走在普通人前列。此外，软装师也兼具引导客户尝试时尚、潮流生活方式的职责，事实上，职业软装师应该成为引领时尚家居潮流的践行者和先行者。

九、摄影练习

　　过去只有极少数专业人士才能拥有昂贵的摄影器材，如今人手一部的智能手机让人人都有机会成为摄影师。软装师将日常的所见所闻认真记录下来，并按一定方式分门别类构成自己的档案资料库，日久必有所成。无需考虑摄影练习的主题，我们只为提高运用色彩、材质、线条和形状的立体构图能力，从而切实提升家居软装中常用"桌景"的视觉效果。没有场地和条件的限制，自然光、人工光线均可，养成随时随地摆放静物拍摄的自我训练，不断尝试、否定、调整、比较和思考摄影的视觉效果，直至自己满意为止。

　　静物摄影利用照相机代替传统画笔，与之相关的四大要素（构图、色彩、材质和形状）与传统静物画技艺一脉相承。摄影与软装在某种程度上均是讲究构图的艺术，无论是软装的"桌景"还是"美术墙"，包括空间的整体视觉效果均需要娴熟的构图技巧。软装师需要培养与众不同的视角，如果能把那些已经被无数人拍过的题材或景物拍摄出不一样的效果，那就是最大的进步。

1. 察形观色

　　每个人对摄影的目的不尽相同，软装师养成随时摄影的习惯在于培养一双敏锐观察的眼睛，同时对于观察到的、有意思的事物有所反应、有所感触、有所联想并有所收获。每个人从摄影中获得的乐趣也各不相同，软装师习惯性摄影的乐趣不在于掌握了多少专业知识，而在于从身边熟视无睹的事物中去发现有趣的构图，增强软装搭配的构图能力，同时多观摩优秀的摄影作品并从中获得启发和灵感。

　　察形观色的意思是指摄影时将注意力集中在形状构图与色彩构图两方面，不必等待最美妙的时光，也不必寻找最美丽的景色，身边随处可见的一花一草、一石一木、一砖一瓦皆可入画。如实在无法进行实地拍摄，也可以进行虚拟练习，即把眼睛当镜头在脑中成像，养成将藏在眼皮底下的美景寻找出来的习惯。

2. 立体构图

摄影练习的重点在于培养与软装有关的构图能力，软装师需要把被摄物抽象成形状、线条、明暗块和立体构成体，同时把光影也纳入其中。多多观摩一些优秀的摄影作品，将获得的心得体会付诸实践，思考如何就同样的主题、相同的物品变幻出尽可能多的结果。

静物摄影构图取决于取景角度，它们包括平视构图、仰角构图和俯角构图三种。对于画家和摄影师来说，构图是一个永恒的课题，也是决定绘画与摄影是否能够打动人心的重要因素之一。意大利著名静物画家乔治·莫兰迪（Giorgio Morandi）一生都在孜孜不倦地探索静物构图，从中找到了一种具有东方哲学意味的宁静与美感。身边随处可见的物品均可作为静物摄影的内容，充分发挥自己独特的创造力，不必局限于任何题材。

静物摄影构图就像可视化的音乐，充满节奏的美感、高低的错落、主次的定位与整体的协调。软装师需要将注意力集中在构图之上，达到一定的水准之后再来考虑预设某个主题。构图的考虑重点在于外在的变化与内在的关联，以及非对称的平衡技巧，因为静物摄影通常以三维立体方式构图，需要同时考虑正面、侧面甚至后面的整体效果。

3. 色彩搭配

在摄影的色彩搭配中，软装师重点考虑的是暖色调与冷色调的搭配，进而让色彩对比刺激情绪反应。中性色搭配同样可以引起情绪反应，不过需要有深浅变化，尝试在中性色搭配中出现一点亮色会有意想不到的视觉效果。摄影需要某个趣味中心来制造视觉焦点，也需要利用色彩与生俱来的情感（如动感的暖色调与静态的冷色调）、距离感（如前进的暖色与后退的冷色）、重量感（如轻浅色与重深色）以及伸缩感（如膨胀的浅色、暖色与收缩的深色、冷色）来强化视觉效果。软装师需要养成对身边用品随时进行色彩搭配的习惯，培养出别具一格的色感是软装师的职业标志之一。

4. 材质搭配

远景摄影时色彩搭配是重点，但近景摄影和静物摄影时，需要重点考虑材质的变化与搭配，比如粗糙与光滑、简朴与精致、自然与人工、柔软与坚硬等，目的在于丰富作品的视觉效果。同质的材质本身也可以变化丰富，如纺织品可以有棉布、丝绸、天鹅绒和羊毛的区别，木质可以有抛光、油漆、木色、擦色和原木等不同工艺。软装师经常进行材质搭配的训练，有助于提升家居软装的配置技巧，最终形成材质搭配的直觉思维。

5. 形状搭配

无论是远景、近景还是静物摄影，均需要考虑形状的变化、对比与搭配，比如方形与圆形、曲线与直线、斜线与直线、圆角与直角、简洁与繁琐等。软装师经常进行形状搭配的训练，同样有助于提升家居软装"桌景"的技巧，最终形成形状搭配的直觉思维。为了将注意力集中在形状构图之上，建议软装师在练习阶段只用"黑白效果"进行拍摄。

6. 主题情感

一幅好的摄影作品，除了构图、色彩、材质和形状等要素之外，真正打动人心的往往是作者通过以上要素来传递的外在主题（显性的）和内在情感（隐性的）。经过精心布置的构图，外在主题通常显而易见，而有的内在情感则是隐性的，需要细细琢磨、慢慢品味方能感受得到。软装师在进行摄影练习时，需要逐步学会立意在先，由浅入深，循序渐进，以此表达自己对自然、文化、生活、家庭或是人生的感受、感悟、认识和思考。

十、影视布景

　　优秀的影视作品都有布景设计师看似漫不经心实则用心良苦的室内场景，而且不同的故事情节必须对应不同的场景布置，不是随意找一间现成的场所就能轻松解决的问题。影视布景是一门利用模拟或者实景空间来讲述故事的艺术，其空间视觉效果与家居软装有着异曲同工之妙，是家居软装的最佳学习榜样。软装师观赏影视作品时，建议重点关注作品当中的场景气氛、色彩构图和舞美道具这3个方面。

　　经常观赏优秀的影视布景，不仅能够提升自己的欣赏水平，而且能够潜移默化增强软装的设计能力。特别是作品当中那些令人惊艳的创意，能够丰富软装师的思维，同时也是了解历史上不同时期、不同地域装饰艺术的模拟教科书。美国布景美工行业协会 SDSA（www.setdecorators. org）的网站上提供了相当多的关于影视布景的信息与资讯，特别是那些获得奥斯卡最佳作品设计奖（原名为最佳艺术指导奖）的作品，非常值得软装师细细观赏。

1. 影视类型

影视作品的类型多样，无论何种题材都有其特定的观赏价值。历史题材往往再现或还原历史事件，有助于软装师了解古典和传统建筑与室内装饰艺术，以及当时的社会、生活环境与时代背景；喜剧和家庭题材通常讲述伦理故事，有助于软装师深层感悟个人与家庭的关系与温情；生活题材让软装师从不同角度去思考时代、社会、生活与人生等主题；奇幻、动画和科幻题材常常能够触动和启发软装师的想象力和创造力；音乐和歌舞题材对于软装师来说能起到非常好的艺术熏陶。

2. 空间氛围

影视作品就像是一幕活生生的生活画面展现在我们面前，好的作品首先会为观赏者营造出某种与故事情节和角色性格相匹配的空间氛围，而空间氛围通常由色调、风格、光线、材质、空间布局和舞美道具等要素共同打造而成。家居软装同样需要深入了解并满足客户的心理需求，一样需要通过软装手段将其营造出符合客户个性特质的空间。软装师需要观察和思考空间与故事情节之间的关联和原因，养成欣赏影视作品的同时分析空间氛围的习惯。

3. 观影察色

优秀的影视作品一般都离不开优秀的色彩构图，软装师在欣赏影视作品时，也需要重点关注这一方面，目的在于了解色彩对于氛围的重要性，同时了解银幕画面的构图特色。不同色调对应不同的氛围，比如鲜艳夺目的色彩经常对应兴奋欢乐的气氛、温和淡雅的色彩对应温馨浪漫的氛围，而冷淡中性的色调则常常对应忧伤难过的情绪等。当代美国电影导演韦斯·安德森（Wes Anderson）是一位擅长于运用色彩和构图来讲故事的时尚导演，由他执导的电影均值得反复欣赏，其每一部作品都如同色彩教科书一般，带给我们丰富的视觉享受。

4. 舞美道具

舞美道具是让一部影视作品具有真实感的重要因素，优秀作品无不重视舞美道具的选择和摆放。几乎所有题材的影视作品都离不开各式各样的道具，它们大多是代表某个时代的生活用品，有家具、灯具、饰品、地毯、装饰画、绿植花卉、劳动工具、衣帽服饰和日用品等，值得我们细细品味和认真欣赏。观察和记录影视剧中的舞美道具，有助于了解不同时代、国家和民族的日常生活用品，以及与道具息息相关的生活方式和人物性格等。

十一、艺术观展

　　对于职业软装师来说，有目的地参观艺术博物馆，可以培养自己的艺术修养、开阔文化视野、增加文化知识和提高鉴赏能力。尽管我们通过阅读能够弥补一些不足，但是却无法代替现场参观实物的效果。

　　国内外很多城市都设有不同类型的艺术馆或者美术馆，值得我们慢慢品味和反复思考，并且做好笔记和图片记录存档。如果有机会出国考察，建议行前做好当地艺术博物馆的调查、预习、策划和安排。欣赏古今中外的艺术品除了能提升修养之外，馆内艺术品的悬挂和摆放本身就是一门值得学习和借鉴的学问。当代家居软装中普遍应用的墙面布置概念，就是来自于美术馆的艺术品布置，因此被称为"美术墙"。

1. 展馆类型

艺术博物馆的类型有很多，主要包括宫殿博物馆、古典艺术博物馆、现代艺术博物馆、当代艺术博物馆（美术馆）、民间艺术博物馆、历史博物馆、古典家具博物馆、现代家具博物馆、陶瓷或玻璃艺术博物馆等。不同类型的博物馆带给我们不同的视觉享受和精神食粮，软装师除需了解大众类型博物馆外，也需要关注那些鲜为人知的特种博物馆，可能会有意想不到的收获。

经常参观艺术博物馆能够让我们领略到艺术家的想象力和创造力，也能够领悟到不同艺术流派与其时代背景之间千丝万缕的关联，更能够感受到不同艺术表现方式所带来的意境美、情节美和生活美等，从而让软装师的审美能力和标准在潜移默化之中得到提升，从耳濡目染之中感受美的启迪和情感的升华。

《国家地理》杂志评选出来的世界十大最佳艺术博物馆包括：

①史密森尼学会（华盛顿特区）（Smithsonian Institution, Washington, D.C.）是世界上最大的研究与博物馆建筑群，有

19 个博物馆和画廊、国家动物园和各类研究站。

②卢浮宫（法国巴黎）（Le Louvre, Paris, France）200 年前还只是皇家宫殿，其收藏品从古代到 19 世纪上半叶，是世界上最重要的艺术博物馆之一。

③雅典卫城博物馆（The Acropolis Museum, Athens, Greece）是欣赏古希腊艺术的最佳博物馆，漫步其中仿佛时空穿越。

④国家冬宫（俄罗斯圣彼得堡）（State Hermitage, St. Petersburg, Russia）收藏了来自世界各地名家大师的艺术珍品超过 300 万件。

⑤大英博物馆（The British Museum, London, England）是英国最大的艺术博物馆，来自世界各地的收藏品超过 800 多万件。

⑥普拉多博物馆（西班牙马德里）（The Prado Museum, Madrid, Spain），几个世纪以来由皇家收藏的艺术品于 1819 年向大众开放。

⑦大都会艺术博物馆（纽约）（The Metropolitan Museum of Art, New York City, New York）是西半球最大的博

物馆，其200多万件收藏品覆盖了整个世界，从艺术家的杰作到著名空间的复原，应有尽有。

⑧梵蒂冈博物馆（梵蒂冈）（The Vatican Museums, Vatican City, Vatican）由22个展馆组成，展品年代从古埃及到中世纪再到文艺复兴，包罗万象。

⑨乌菲兹美术馆（意大利佛罗伦萨）（The Uffizi Gallery, Florence, Italy）的收藏品年代来自中世纪早期、文艺复兴、巴洛克和风格主义等。

⑩阿姆斯特丹国立博物馆（Rijksmuseum, Amsterdam, The Netherlands）是荷兰最大的艺术和历史博物馆，以收藏了17世纪荷兰大师的作品闻名于世。

2. 展厅布置

艺术博物馆的展厅布置是一门与空间设计息息相关的学问，我们需要重点关注馆内悬挂和摆放艺术品的方式、灯光的布置和光线效果，以及绘画与雕塑作品之间的空间关系等，这样有助于提升家居软装中常见"美术墙"的视觉应用。事实上，很多现代和当代艺术博物馆的馆内布置与室内设计十分相似，因为布展者非常注重观展者与展品之间的互动关系，与家居软装常用的"美术墙"所期望的视觉效果有着异曲同工之妙。

3. 意、图、光、色

多数艺术博物馆（美术馆）的展品以绘画、雕塑和摄影作品为主，注意重点观察绘画和摄影作品所表现的意境、构图、光影和色彩。首先，软装师需要把个人的喜好放下，除了解绘画与雕塑不同流派的艺术表现特点之外，重点需要理解绘画与雕塑作品的创作意图与内涵表达，而不是全凭个人喜好加以选择。看懂展品的前提在于事先预习有关的艺术知识，有助于真正理解艺术品的内涵和意义。

4. 观有所获

每一个艺术博物馆都有其独特的内容和魅力，而且有些展馆还会时不时更新内容，值得我们跟踪观展。"好记性不如烂笔头"，尽量记录下观展的内容和说明，特别是自己的感受和收获，甚至是由此产生的联想。遇到不懂之处也可以随时记录下来，以备以后查阅资料寻找答案。软装师养成每次观展之后总结归纳的习惯，避免不求甚解地走马看花，做到真正观有所获，同时还能够提高独立分析和归纳总结的能力。

十二、信息资源

　　家居产品不应局限于当地市场上所提供的那些产品，作为一名职业软装师，需要通过各种途径和方式来收集世界各地的信息，以此作为软装工作的资料库，丰富的信息资料库可以为软装设计提供充足的产品落地保障。除了实地参观家居展，我们还应该知道与软装有关的设计中心、大众品牌、奢侈品牌和古着市场等，同时还应该关注一些家居电商以及相关的行业协会和网站博客等。

　　当今的家居软装已经进入高速发展时期，随着大众对生活品质的追求越来越高，软装的产品和理念也日新月异，对于职业软装师的要求自然也越来越高。软装师需要开阔视野，多了解世界家居软装的发展趋势，不局限于任何主流所主导的潮流，通过以下提供的有关资源，呼吸外面的新鲜空气，培养出独立的视角和思维。以下内容主要以美国家居市场为主要介绍对象，所列内容仅是露出的冰山一角，希望以此来抛砖引玉。

1. 家居展览

参观国际家居展可以了解最新的家居产品趋势、丰富多彩的家居文化，最重要的是可以知晓最新的家居设计理念和方向，是增长见识与开阔视野的途径之一。除了几大熟悉的家居和家具展之外，世界上还有许许多多各具特色的展览值得参观学习，它们遍布亚洲、非洲、欧洲、澳洲和北美洲。

著名的亚洲家居展包括：

① Intex Expo，官网为 www.intexexpo.in，主题是家具与室内设计，地址在印度昌迪加尔（Chandigarh,India）。

② Seoul Living Design Fair，其具体官网为 www.living-designfair.co.kr，主题是家庭用品、家具、室内设计，地址在 COEX 世界贸易中心（Coex, World Trade Center）。

③ Index，官网为 www.indexexhibition.com，主题是家具与室内设计，地址在迪拜世界贸易中心 (Dubai, World Trade Center)。

著名的非洲家居展包括：

① Salon du Meuble du Tunis，其具体官网为www.salondumeuble.com.tn，主题是家具与室内设计，地址在突尼斯展览园与国际贸易中心（Exhibitions Park and International Trade Centre, Tunis）。

② Decorex Durban，官网为www.reedexpoafrica.co.za/decorex，主题是家具与室内设计，地址在南非德班（Durban, South Africa）。

著名的欧洲家居展包括：

① Salone Internazionale del Mobile，具体官网为www.salonemilano.it，主题是家具与室内设计，地址在米兰国际展览中心（Fiera Milano）。

② Imm Cologne，其官网为www.imm-cologne.com，主题是家具与室内设计，地址在科隆国家会展中心（Koelnmesse GmbH）。

③ MAISON&OBJET，官网为www.maison-objet.com，主题是家具与室内设计，地址在巴黎北郊维勒蓬特展览中心（Paris Nord Villepinte）。

④ Stockholm Furniture Fair，其具体官网为 www. stockholmfurniturefair.com，主题是家具与室内设计，地址在斯德哥尔摩展览中心（Massvagen 1, Alvsjo, Stockholm, Stockholmsmassan AB）。

著名的大洋洲家居展有 AIFF，官网为 www.aiff.net.au，主题是家具与室内设计，地址在墨尔本会展中心（Melbourne Convention and Exhibition Centre）。

著名的北美洲家居展包括：

① High Point Market，官网为 www.highpointmarket. org，主题是家具与室内设计，地址在美国高点镇（High Point Town）。

② Dwell on Design，官网为 www.dwellondesign.com，主题是家具与室内设计，地址在洛杉矶会议中心（Los Angeles Convention Center）。

③ ICFF，官网为 www.icff.com，主题是家具与室内设计，地址在纽约雅各布·K·贾维茨会议中心（The Jacob K. Javits Convention Center of New York）。

2. 设计中心

美国的设计中心是专门针对职业设计师的家居产品展示中心，是设计师选材的主要目的地，主要分布于大型城市，展示的产品涵盖了纺织品、家具、灯具、橱柜和壁纸等。美国十大设计中心包括：

①太平洋设计中心（Pacific Design Center），地址为 8687 Melrose Ave., West Hollywood, CA 90069，电话为（001）-310-657-0800。

②旧金山设计中心（San Francisco Design Center），地址为 Two Henry Adams St.,SanFrancisco, CA 94103，电话为（001）-415-490-5800。

③纽约设计中心（New York Design Center），地址为 200 Lexington Ave., NY, NY 10016，电话为（001）-212-679-9500。

④丹佛设计中心（Denver Design Center），地址为 595 S. Broadway, Denver, CO 80209，电话为 (001)-303-733-2455。

⑤美洲设计中心（Design Center of the Americas），

地址为 1855 Griffin Rd., Dania Beach,FL 33004，电话为
（001）-954-920-7997。

⑥亚特兰大装饰艺术中心（Atlanta Decorative Arts
Center），地址为 351 Peachtree Hills Ave. NE, Atlanta, GA
30305，电话为（001）-404-231-1720。

⑦波士顿设计中心（Boston Design Center），地址为
One Design Center Pl., Boston, MA 02210，电话为（001）-
617-338-5062；

⑧拉斯维加斯世界市场中心（World Market Center Las
Vegas），地址为 475 S. Grand Central Pkwy., Las Vegas,
NV 89106，电话为（001）-702-599-9621。

⑨西雅图设计中心（Seattle Design Center），地址
为 5701 6th Ave. S.Ste.378, Seattle, WA 98108，电话为
（001）-206-762-1200/800-497-7997。

⑩高点国际家居饰品中心（International Home Furnishings
Center），地址为 210 East Commerce Ave., High Point, NC
27260，电话为（001）-336-888-3700。

3. 大众品牌

对于普通大众来说，大大小小、各具特色的家居品牌专卖店数不胜数，是软装师真实了解软装产品的最佳场所，而且大众品牌专卖店同样紧跟时尚潮流，也更加贴近消费者的实际需求和购买力。

美国十大大众家居品牌包括：

① Cost Plus World Market，官网为 www.worldmarket.com，创立于 1958 年，主营家具、饰品、布艺、地毯、工艺品、服装、酒类和食品等，在全美拥有 263 家门店。

② Restoration Hardware，其具体官网为 www.restorationhardware.com，创立于 1979 年，产品涵盖家具、灯具、纺织品、饰品和户外用品，以及婴幼儿和青少年用品等。

③ Ethan Allen，官网为 www.ethanallen.com，创立于 1932 年，致力于打造宜居的奢华标志，提供独一无二的款式以满足个性化的家居需求。

④ Pottery Barn，官网为 www.potterybarn.com，创立于 1949 年，不断推陈出新，为客户提供一流的服务和经久耐用的产品，帮助客户实现实用、美观而舒适的家居生活。

⑤ Crate & Barrel，官网为 www.crateandbarrel.com，创立于 1962 年，一直以优雅时尚的产品、合理适中的价格和温馨舒适的店铺赢得消费者们的喜爱。

⑥ Pier 1 Imports，官网为 www.pier1.com，创立于 1962 年，一个充满乐趣和创意、不同寻常并丰富多彩的家居产品专卖店，产品包括家具、地毯、艺术品、饰品和生活用品等。

⑦ Bed Bath and Beyond，其具体官网为 www.bedbathandbeyond.com，创立于 1971 年，是美国最大的床上用品和家居用品零售店，以及婴幼儿用品和食品零售商。

⑧ HomeGoods，官网为 www.homegoods.com，创立于 1992 年，一家全球采购的品牌家居用品折扣店，与 T.J.Maxx、Marshalls 和 Sierra Trading Post 是姐妹公司，提供优惠的价格和丰富的产品。

⑨ La-Z-Boy，官网为 www.la-z-boy.com，创立于 1928 年，创造出独具美国特色的躺椅，成为美式家具标志之一。

⑩ Ashley，官网为 www.ashleyfurniture.com，创立于 1945 年，世界著名的家具制造商和北美著名的家具零售商。

4. 奢侈品牌

对于富裕家庭来说，有很多家居奢侈品牌可供选择，但品质和价格会远远高于大众品牌产品。不像意大利和法国的奢侈品牌以高调、奢华为重点，美国的家居奢侈品牌更注重低调、品质和实用性。

美国著名的十大家具奢侈品牌包括：

① Baker，具体官网为 www.bakerfurniture.com，创建于1891年，是老牌家具奢侈品牌，家具王国之典藏品。

② Canadel，具体官网为 canadel.com，是一家家族企业，坚持在北美手工制造家居产品。

③ Designmaster Furniture，其具体官网为 www.designmasterfurniture.com，品牌口碑建立在高品质的制造、无可挑剔的剪裁和专业的工艺之上。

④ Fine Furniture Design，具体官网为 www.ffdm.com，致力于制造精致的高档家具，从每一个精湛的设计开始。

⑤ Hooker Furniture，具体官网为 www.hookerfurniture.com，超过86年的历史足以证明其超凡脱俗的创新、品质与

声誉，同一家族旗下的家具品牌还包括 Sam Moore（官网为 www.sammoore.com）和 Bradington & Young（官网为 www.bradington-young.com）。

⑥ Kincaid Furniture，具体官网为 www.kincaidfurniture.com，历经四代的努力信奉以最自然的方式打造纯实木家具。

⑦ Lexington Home Brands，官网为 www.lexington.com，是高档家居产品领域的全球领导者，其品牌包括 Lexington、Tommy Bahama Home、Tommy Bahama Outdoor Living and Sligh。

⑧ Ralph Lauren Home，官网为 www.ralphlaurenhome.com，正如拉夫·劳伦本人所说，"我设计的目的就是去实现人们心目中的美梦，是可以想象到的最好现实。"该品牌代表着最高品质的美国家居用品。

⑨ Universal Furniture，官网为 www.universalfurniture.com，其精心挑选的家具值得独特收藏。

⑩ Uttermost Furniture，官网为 www.uttermost.com，宗旨是以合理的价格制造出类拔萃的家居产品。

5. 古着市场

除了最新的家居产品零售商之外，还有一种产品零售商不可忽视，它们就是遍布各个角落的古着家具店。古着家具不仅选料和品质不输于当代的家居产品，而且可以淘到不少难得一见或者早已绝世的孤品。美国十大最佳古着店包括：

① Love Seat，官网为 www.loveseat.com，地址为 2445 East 12th St. Unit C, Los Angeles, CA 90021，电话为（001）-213-444-1529。

② Design Center Furniture，其具体官网为 www.designcenterfurniture.com，地址为 606 W Katella Ave., Orange, CA 92867，电话为（001）-657-221-3406。

③ Design Plus Consignment Gallery，具体官网为 www.designplusgallery.com，地址为 333 8th St., San Francisco, CA 94103，电话为（001）-415-800-8030。

④ John Derian，其具体官网为 www.johnderian.com，地址为 10 E 2nd St., between 2nd Ave.and the Bowery,New York,NY10003，电话为（001）-212-677-8408。

⑤ Furnish Green，官网为 www.furnishgreen.com，地址为 1261 Broadway #309, New York,NY10001，电话为（001）-917-583-9051。

⑥ Repop，官网为 www.repopny.com，地址为 42 West St., Brooklyn,NY11222，电话为（001）-718-260-8032。

⑦ 1ST DIBS，官网为 www.1stdibs.com，地址为 200 Lexington Ave., New York Design Center，电话为（001）-646-293-6633。

⑧ Element，官网为 www.element-home.com，地址为 1428 Larimer St., Denver. CO 80202，电话为（001）-720-683-6467。

⑨ Re-for your home，官网为 www.re-foryourhome.com，地址为 2845 Walnut St., Denver, CO 80205，电话为（001）-720-398-6200。

⑩ Three Stars Resale Shop，其具体官网为 www.threestarsresaleshop.com，地址为 2600 W Fullerton, Chicago, IL 60647，电话为（001）-773-904-7634。

6. 家居电商

进入 21 世纪之后，对于所有的实体店零售商来说，电商正以难以置信的速度飞速发展着。在可预见的未来，家居电商将逐步取代实体店铺成为家居市场的主宰者。鉴于大趋势所迫，很多传统家居零售商已经纷纷增设电商服务，美国的十大家居电商包括：

① Wayfair，官网为 www.wayfair.com， 据说在这里可以寻找到几乎所有的家居品牌产品。

② Urban Outfitters，官网为 www.urbanoutfitters.com，提供令人惊讶但是负担得起的时尚家具和床上用品。

③ West Elm，官网为 www.westelm.com，威廉姆斯·索诺玛（Williams Sonoma）品牌旗下的 West Elm 始终站在潮流的前列。

④ 2Modern，官网为 www.2modern.com，依靠时尚设计与纯净审美赢得广泛赞誉。

⑤ Overstock，官网为 www.overstock.com，号称"太阳下一切家居用品的源头"，从家具到饰品无所不包。

⑥ H&M Home，官网为 www.hm.com，与其价廉物美的

服饰一样，时尚家居产品同样广受欢迎。

⑦ Zara Home，官网为 www.zarahome.com，一家将时装做到家居领域的时尚床品、餐具和饰品品牌。

⑧ Jonathan Adler，官网为 www.jonathanadler.com，有当今家居界炙手可热的乔纳森·阿德勒设计的家具、灯具和饰品等。

⑨ AllModern，官网为 www.allmodern.com，店如其名，非常适合那些崇拜 Don Draper 家居空间的顾客（注：Don Draper 是《广告狂人》主角）。

⑩ Blu Dot，官网为 www.bludot.com，一家昂贵但是值得拥有的现代高端家居产品。

7. 行业协会

行业协会的功能和职责主要包括管理、认证、教育、平台、活动和资讯等，很多协会在各大城市均设有分会。

美国四大行业协会包括：

① American Society of Interior Designers（ASID），官网为 www.asid.org，是最专业的室内设计师协会，会员必须获

得正规学士学位，必须掌握相关的安全法规与建筑规范，也必须取得相关的注册或者执照，只有他们才有资格与建筑师合作完成比较大型的项目，如居住、公共、商业空间等。

②Designer Society of America（DSA），官网为www.dsasociety.org，属于比ASID低一层级的美国室内装饰师协会，主要是针对居住空间服务的室内装饰师，对于从业人员的入行标准较低，无需学位和资格。

③Interior Design Society（IDS），其具体官网为www.interiordesignsociety.org，主要是面对室内设计行业企业家服务的行业协会，总部设在美国家具展览中心高点镇，与室内设计师和装饰师无直接关系。

④Set Decorators Society of America（SDSA），官网为www.setdecorators.org，是与美国电影与电视工业配套的布景美工行业协会，它与室内装饰行业紧密相关，但是服务对象完全不同，每年奥斯卡金像奖中的最佳美工奖便是此行业的最高荣誉。

8. 期刊杂志

由于美国有着世界上最发达和最成熟的家居软装市场，有关家居软装的刊物数不胜数，并且风格各异、各有所长，其中被评为十大最佳家居装饰类的刊物包括：

①Real Simple，官网为 www.realsimple.com，是一本关于家居装饰、烹饪、家庭生活和简化生活小贴士的、高度信息化的杂志。

②Better Homes & Gardens，官网为 www.bhg.com，是一本涵盖了家居装饰和园艺的杂志，提供有关从室内装饰到健康烹饪等主题的详细建议。

③Martha Stewart living，其官网为 www.marthastewart.com，是一本关于改善家居、花园和烹饪技能的完美杂志，包括全新的食谱、专栏文章和 DIY 项目。

④Country Living，官网为 www.countryliving.com，内容方面提供自然乡村风情的现代设计理念，以及享受园艺、食谱和自己动手的意见。

⑤This Old House，官网为 www.thisoldhouse.com，适

合于修缮或是改造房子的人群，提供顶尖工匠和设计专家的最佳创意和技术。

⑥ House Beautiful，官网为 www.housebeautiful.com，为住宅的室内设计和园艺提供建议，无论是增加、减少面积还是重塑外观风格。

⑦ Elle Décor，官网为 www.elledecor.com，是一本勇于挑战色彩和图案来扩展想象力的杂志，专家和名师为美化住宅提供专业的装饰和设计建议。

⑧ Dwell，官网为 www.dwell.com，注重住宅的功能性和舒适性，为打造个性家园的人们提供各种设计元素。

⑨ Architectural Digest，官网为 www.architecturaldigest.com，是一本包含了室内设计、名人风格和旅游等主题的杂志，也推荐购物资源和其他信息。

⑩ Style at Home，官网为 www.styleathome.com，引导人们优化和改变自己的家园，提供建设性的建议和想法，以及定制家居空间的相关信息。

9. 留学深造

美国的室内设计（Interior Design）与室内装饰（Interior Decorating）是两个互有关联的不同专业，与之对应的职业名称是室内设计师（Interior Designer）与装饰师（Decorator）。其中室内设计师必须完成正规的专业课程，并通过国家室内设计资格委员会（NCIDQ）的资格考试来取得注册或者执照方可从业，而装饰师只需要接受一般的培训教育即可从业。由于相关建筑的安全法则与规范的规定，室内设计师通常可以为居住空间或者商业空间进行室内设计，而装饰师一般只能为居住空间服务。

如果软装师希望或是计划出国留学深造，可供选择的相关院校不是很多。如果希望获得由 CIDA（室内设计认证委员会）认证的学位，需要事先与学校联系并确认。根据 2015 年的相关指标和专家评审，全美排名前十的最佳室内设计学校依次为（注：每年的排名都可能变动，以下排名仅供参考）：

① 纽约室内设计学院（New York School of Interior Design），官网为 www.nysid.edu，是唯一专门从事室内设计

教育的专科学校，也是一所顶尖的室内设计研究生院。它提供本科学历和艺术学士学位，毕业生获得学位后 6 个月内的就业率高达 92%。

②帕森斯设计新学院（Parsons The New School for Design），官网为 www.newschool.edu，拥有比较发达的商业和工业网络，适合于希望从事商业设计的学生。其提供超过 25 个本科和研究生课程，提供艺术学士学位，注重培养不同工种和专业之间的协作性工作。

③普拉特学院（Pratt Institute），官网为 www.pratt.edu，是一所名列前茅的艺术学院，拥有一流的室内设计研究生课程。其就业率超过 90%，提供艺术学士学位。

④罗德岛设计学院（Rhode Island School of Design），官网为 www.risd.edu，是著名的艺术设计学院之一。其教学理念以注重实用性著称，拥有排名很高的室内设计研究生院，提供艺术学士学位。

⑤萨凡纳艺术与设计学院（Savannah College of Art and Design），官网为 www.scad.edu），艺术和设计课程排名较高，拥有各类艺术和创意资源，提供艺术学士学位。其主校区位于

佐治亚州的萨凡纳市，在美国亚特兰大、中国香港和法国设有分校，意味着实习和出国留学机会较大。

⑥康奈尔大学（Cornell University），具体官网为 www.cornell.edu，是唯一提供室内设计课程的常春藤盟校，其教学理念特别关注设计决策对环境的影响，提供学士学位。

⑦德勒克塞尔大学（Drexel University），官网为 drexel.edu，是一所注重将室内设计研究与艺术和艺术史研究相结合的大学。除了美学教育之外，学校还鼓励学生去探索室内设计与行为的关系，提供学士学位。

⑧时装技术学院（Fashion Institute of Technology），简称 FIT，官网为 www.fitnyc.edu，以时尚设计理念闻名，因此学生有机会与纽约顶级专业人士合作，包括建筑师、室内设计师、照明设计师和平面设计师等，提供艺术学士学位。

⑨锡拉丘兹大学（Syracuse University），官网为 www.syracuse.edu，课程计划称为"环境与室内设计"。其室内设计专业的学生可以学习文科教育和工艺美术课程，提供艺术学士或者工业设计学士学位。

⑩辛辛那提大学建筑与室内设计学院（University of Cincinnati–School of Architecture and Interior Design），官网为 www.uc.edu，课程计划强调工作和休闲人群的身心和社会需求。其课程长达 5 年，需要 1.5 年的合作教育经历，就业率约 70%，提供学士学位。

10. 家居网站

其实很多杂志和品牌都有非常不错的家居网站，内容基本涵盖了室内外空间设计，也包括了家居生活的方方面面，并且各具特色；它们都向读者提供了百科全书式的软装信息资讯，每个人都能从中找到适合自己的建议和指导。以下家居网站在美国众所周知，成为软装师和大众了解和学习软装知识的重要资料库：

① HGTV，官网为 www.hgtv.com，是美国家喻户晓的家居网站，内容以家庭装饰、园艺和手工等为主，将家居软装理念带入千家万户。

② Pinterest，官网为 www.pinterest.com，是最大的图资

料库内容包括食谱、生活灵感和想法等，是无数设计师的创意和灵感源泉。

③ Apartment Therapy，官网为 www.apartmenttherapy. com，它如同一个图书馆，与全世界分享如何打造美好家园，包括生活方式、设计理念、DIY、购物指南和专家建议等。

④ Houzz，官网为 www.houzz.com，其注重家居设计的新概念和新方式，为设计师提供设计图片、家居装饰、装饰理念和专业建议等。

⑤ The Spruce，官网为 www.thespruce.com，为大众提供美好家园的设计理念和美味食谱、DIY、专家建议等。

⑥ Homedit，官网为 www.homedit.com，是一个以室内设计理念、建筑、家具、DIY 项目和技巧等为特色的设计博客。

⑦ eHow，官网为 www.ehow.com，给与家居生活有关的各种疑难杂症提供专家建议的百科全书，内容包括视频和文章。

⑧ wikiHow，官网为 www.wikihow.com，类似于 ehow，也是全球最流行的"怎么办"网站，提供简单易行的解答步骤。

⑨ My Home Décor Guide，其具体官网为 www. myhomedecorguide.com，是一个完整的家居装饰网站，为读

者提供最新的信息和资讯。

⑩ Good House Keeping，官网为 www.goodhousekeeping.com，提供从食谱到产品评论再到家居装饰灵感的终极资料库。

⑪ HOME & DECORATION，其具体官网为 www.homeandecoration.com，提供最新的装饰理念以及产品信息。

⑫ Décor Champ，官网为 www.decorchamp.com，为创新的家庭装饰、办公室装修以及商店、餐厅等空间提供理念、技巧和建议。

⑬ HOME DESIGNING，官网为 www.home-designing.com，内容涵盖建筑与室内设计，以及家居空间设计理念等。

⑭ Decoration concepts.com，其具体官网为 www.decorationconcepts.com，提供装饰理念、现代室内设计、现代装饰风格和家居设计技巧等。

⑮ Interior Zine，官网为 www.interiorzine.com，是一个博客杂志，内容包括现代室内设计、照明、流行趋势和新闻等。

11. 软装博客

每位设计师的特点与风格各不相同，很多知名软装师都开设了自己的博客，供大众和客户浏览参考。软装博客因博主风格多样化而比一般家居网站具有更鲜明的个人特色，因此特别适合有个性的读者阅读。根据读者的评选，全美排名前十三名的家居软装博客包括：

① Design Sponge，官网为 www.designsponge.com，格蕾丝·邦妮（Grace Bonney）的每日博客将她列入福布斯家庭影响力榜单的榜首，向读者提供了令人印象深刻的家庭旅行、趋势和设计达人等内容。

② A Beautiful Mess，具体官网为 www.abeautifulmess.com，艾尔茜·拉森（Elsie Larson）和她的妹妹艾玛（Emma）共同创立了这个充满创意的 DIY 博客，为读者提供了自助提升生活品质的金玉良言。

③ Mr. Kate，官网为 www.shop.mrkate.com，由凯特·阿尔布雷克特（Kate Albrecht）创立的凯特先生是一个以哲学为主题的博客，与读者分享她自学成才为室内设计师的心路历程。

④ La Dolce Vita，官网为 www.ladolcevitablog.com，帕洛玛·康特拉斯（Paloma Contreras）是一位成功的室内设计师，她创办的博客为当代潮流和设计提供了一个独特的视角。

⑤ Bright Bazaar，官网为 www.brightbazaarblog.com，威尔·泰勒（Will Taylor）是一位擅长活跃色彩的设计师，乐于以独特的个人风格激励读者，他的博客五彩缤纷，令人耳目一新。

⑥ Designlovefest，官网为 www.designlovefest.com，巴里·艾茉莉（Bri Emery）专注于她喜欢的家居设计，读者从其博客当中可获得许多积极的共鸣和能量。

⑦ Emily Henderson，官网为 www.stylebyemilyhenderson.com，时尚专家艾米丽·亨德森（Emily Henderson）自从创办博客以来，赢得了电视设计比赛、主持了电视节目，并且成为《纽约时报》的畅销书作者。

⑧ Tatertots and Jello，官网为 www.tatertotsandjello.com，珍妮弗·哈德菲尔德(Jennifer Hadfield)的博客包罗万象，有生活方式、家庭亲情、DIY 项目和美味食谱等。

⑨ Copy Cat Chic，官网为 www.copycatchic.com，雷赫尔·布鲁萨尔（Reichel Broussard）并不认同高品质的家居装饰必须依靠金钱堆砌，她的博客与读者分享如何只用很少的预算就能达到理想的视觉效果。

⑩ Coco Cozy，官网为 www.cococozy.com，可可·考泽

（Coco Cozy）既是电视台主管又是室内设计博主，她于 2008 年创办的博客充满幽默感，并获得了广泛的关注和欢迎。

⑪ Emily A. Clark，官网为 www.emilyaclark.com，由艾米丽·A·克拉克（Emily A. Clark）创办的博客为读者提供了无数的设计灵感，通过亲力亲为的家居装饰项目展示，让看似艰难的家庭装饰变得轻松愉快。

⑫ Pure Style Home，官网为 www.laurenliess.com，劳伦·丽思（Lauren Liess）认为个性比完美装饰更能直接反映设计理念，深受个性强烈读者的欢迎。

⑬ Elements of Style，官网为 www.elementsofstyleblog.com，艾琳·盖茨（Erin Gates）的博客为读者开启了一扇通向家居设计天堂的大门，让家庭生活变得丰富多彩、充满活力。

12. 软装明星

自 20 世纪初开始，美国产生了无数的明星室内设计师，他们为家居软装事业贡献出了毕生的精力和才华。近现代出现的许多职业名称均来自于国外，比如建筑师（Architect）、装饰师（Decorator）、风格师（Stylist）、时装设计师（Fashion Designer）、平面设计师（Graphic Designer）和室内设计师（Interior Designer）等。软装师主要针对家居空间服务，以下为近百年来最著名的十位明星家居软装师。

①艾尔西·德·沃尔夫（Elsie De Wolfe），作为美国第一代室内装饰师，不仅开创了现代室内装饰事业，并且成为冲破维多利亚时代盛世阴影的第一人，至今仍然是几代装饰师心中崇拜的室内装饰创始人。她于1913年出版的《品位饰家》（*The House in Good Taste*）一书至今仍被装饰师奉为后维多利亚时期室内装饰设计之宝典。

②茜斯特·帕里斯（Sister Parish），是第一位受到第一夫人杰奎琳·肯尼迪邀请的设计师，因为给白宫做室内装饰而名声大噪，从此无数达官贵人和各界名流纷纷找她设计自己的家。帕里斯的职业生涯起始于1933年，直至1994年去世，她的设计理念是相信自己的直觉，依靠本能做设计，不受陈规旧律的约束，曾经被美国大众誉为全生活女性室内设计师。

③桃乐茜·德雷帕（Dorothy Draper），于1923年创办

了美国第一家室内设计公司，于 1939 年编写的《装饰快乐！》（*Decorating is Fun!*）一书，影响并激励了无数后代室内设计师。德雷帕是室内设计领域的先行者和开拓者，创造了"现代巴洛克"（Modern Baroque）风格，是她所处时代室内装饰领域的女王，她的名字与装饰同义。

④玛莎·斯图沃特（Martha Stewart），于 1977 年注册成立了以自己名字命名的公司，涉及的领域包括手工、烹饪、园艺、裁剪和装饰等，从事的工作包括写书、办杂志、开网站、做节目和品牌推广等，至今其名字已经成为美国中产阶层家喻户晓的时尚家居代名词。玛莎当之无愧地被戴上了美国"家政女王"的华冠，这个荣誉既是对玛莎的敬佩，也是对玛莎品牌的肯定。

⑤凯莉·韦斯勒（Kelly Wearstler），杂志《纽约客》将韦斯勒戏称为"西海岸室内设计的首席贵妇"，但是她却比大部分女性人物更像摇滚明星，以大胆的创意和梦幻般的设计在美国举世闻名。韦斯勒是一名天才级别的全能设计师，具有作家、博主、室内设计师、家具设计师、灯具设计师、时装设计师和首饰设计师等多重身份。

⑥乔纳森·阿德勒（Jonathan Adler），拥有独特的幽默感和不羁的个人风格，作为一名多才多艺的全能设计师，其自认的职业包括陶艺家、室内设计师、家具设计师、灯具设计师和作家，希望自己设计的产品可以打造出一个完美无瑕和新颖别致的家园。阿德勒于 1998 年在曼哈顿 SoHo 开设了第一家专卖店，至今已在全球开设了超过 20 家门店、拥有 1000 多个分店的批发业务，成为时尚家居行业名副其实的标杆性人物。

⑦马丁·劳伦斯·布拉德（Martyn Lawrence Bullard），其作品风格多变、不拘一格，以精致而迷人的室内设计闻名遐迩，特别是在加盟时尚片《百万装饰师》之后更是家喻户晓，被《建筑文摘》评为"世界百强室内设计师"。布拉德的作品出现在全球 4000 多种出版物当中，其客户名单不乏社会名流，并于 2010 年获得安德鲁·马丁年度国际室内设计师奖。

⑧维多利亚·哈根（Victoria Hagan），自 20 多年前创办自己的公司之后，哈根设计的项目已经遍布美国，从优雅的都市住宅到休闲的度假屋都有涉及，被《纽约时报》评论为"最具大脑和最有影响力的作品"。除 2004 年 12 月被纳入"室内

设计名人堂"外，其获得的荣誉还包括许多美国顶级设计奖项，以及被《建筑文摘》评为"世界百强室内设计师"。

⑨迈克尔·S·斯密斯（Michael S. Smith），自2008年以来被选为负责白宫室内设计的人物而名声大噪，其设计理念和价值备受赞誉。斯密斯擅长在现代居住空间里体现出优雅的古典装饰艺术，将传统与现代融为一体，展现其在室内设计中独特的品位。

⑩迈尔斯·里德（Miles Redd），是一名国际化的设计师，设计手法常常独具一格、令人惊艳，没有任何先入为主的刻板印象，特别擅长在居住空间里反映户主的个性，其作品经常在《纽约客》、《时尚》和《艾丽装饰》上刊登。

图书在版编目（CIP）数据

软装师自我修养 / 吴天篪著 . -- 南京 ：江苏凤凰
科学技术出版社，2018.6
ISBN 978-7-5537-9303-0

Ⅰ．①软… Ⅱ．①吴… Ⅲ．①室内装饰设计 Ⅳ.
①TU238.2

中国版本图书馆CIP数据核字(2018)第123173号

软装师自我修养

著　　　者	吴天篪（TC吴）	
项 目 策 划	凤凰空间／段建姣	
责 任 编 辑	刘屹立　赵　研	
特 约 编 辑	段建姣	

出 版 发 行	江苏凤凰科学技术出版社
出版社地址	南京市湖南路1号A楼，邮编：210009
出版社网址	http：//www.pspress.cn
总 经 销	天津凤凰空间文化传媒有限公司
总经销网址	http：//www.ifengspace.cn
印 刷	北京博海升彩色印刷有限公司

开　　　本	889mm×1 194 mm　1／32
印　　　张	4.75
字　　　数	100 000
版　　　次	2018年6月第1版
印　　　次	2018年6月第1次印刷

标 准 书 号	ISBN 978-7-5537-9303-0
定　　　价	49.80元

图书如有印装质量问题，可随时向销售部调换（电话：022-87893668）。